超简单的
小物件钩编教科书

［日］深尾幸世 / 著

叶宇丰 / 译

一本从持针方法开始
教您钩织小物件的教科书

中国纺织出版社

只需一根钩针就可以开始钩织。
最基本的方法，就是在针上绕线、钩出。

只要从中心开始一圈一圈钩织
或者左右往返片织，
便能钩出圆形或是方形的小织片。

从简单花片到立体织物
让我们通过制作小包来学习钩针技法吧。

*为了便于理解，
教程中的线材使用了比较醒目的颜色。

目录

Basic 基础钩织

1 环状钩织

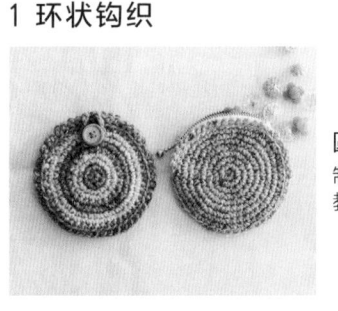

2 片状钩织

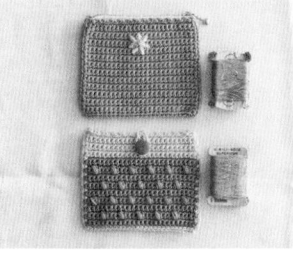
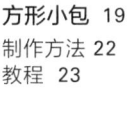

3 筒状钩织

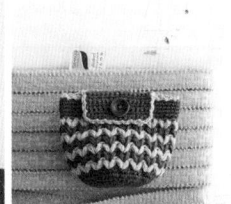

Advanced 进阶钩织

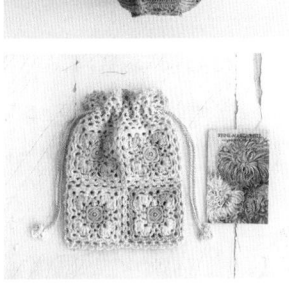

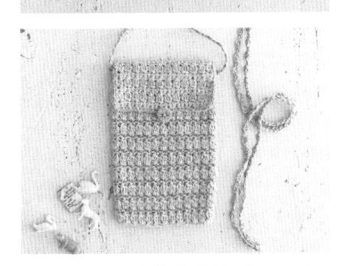
◎钩针编织基础

1 收线头的方法 33

2 换线的方法 37

3 其他处理线头的方法／接线的方法 57

4 绳子和装饰物的制作方法 88

5 遇到线材不足的情况 103

◎钩针符号图与钩织方法 112

线材和工具

线
材

除了羊毛线以外，还有各种各样的线材。可以根据用途和
希望成品展现的效果来选择线材。

A 羊毛线..........................使用羊或者羊驼等动物的毛纺织而成的线。
　　　　　　　　　　　　　　　优点是柔软和保暖性强。
B 棉线............................吸水性好，手感清爽。
C 麻线............................具有弹性，手感硬挺，触感凉爽。
D 腈纶、尼龙等人造纤维...........结实牢固，便于洗涤。
　　※图中线材均来自HAMANAKA品牌

以下这些工具可以让钩织更加方便。

A 钩针 ···························· 针尖处为钩子形状，便于带线。
　　　　　　　　　　　　　　根据线材的粗细，对应使用不同型号的钩针（本书中使
　　　　　　　　　　　　　　用的针为4/0～6/0号。钩针的型号参考P8）。
B 缝合针························· 用来处理线头，缝合织片。
C 计数环························· 挂在织片上，用于标记行数和针数。
D 防脱扣·记号扣 ········· 扣在线圈上防止线脱落，或是用来临时固定单元花片。
E 编织用固定针··············· 用于固定织片。针尖呈圆头形，不易使线分叉。
　　※图中工具均来自HAMANAKA品牌

持针与带线的方法

1

从线团中心抽出线使用。如果使用最外侧的线，拉线的同时容易使线团滚动，不便于操作。

2

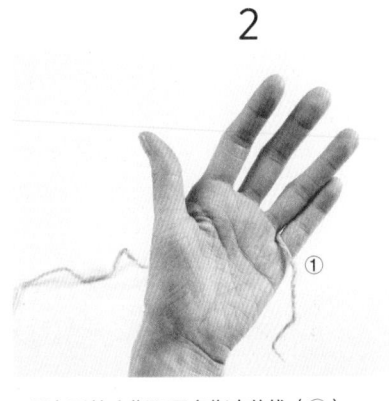

用左手的小指和无名指夹住线（①）。

3

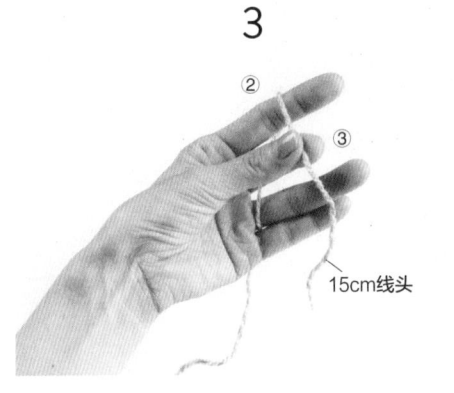

挂线于食指上（②），同时用拇指和中指捏住线（③）。此时留15cm左右的线头。活动食指绷紧线。

4

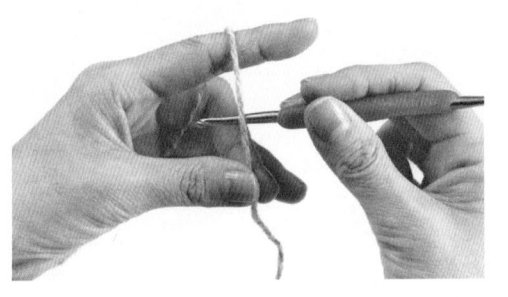

用右手的食指和拇指捏住钩针，中指抵住钩针方便活动。

钩针的型号

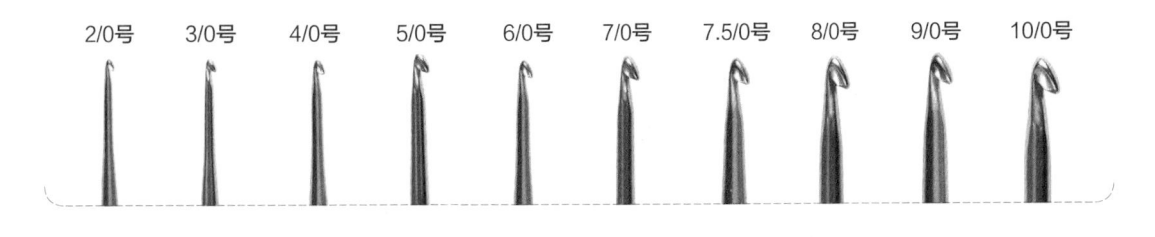

| 2/0号 | 3/0号 | 4/0号 | 5/0号 | 6/0号 | 7/0号 | 7.5/0号 | 8/0号 | 9/0号 | 10/0号 |

起针方法

锁针的名称

正面

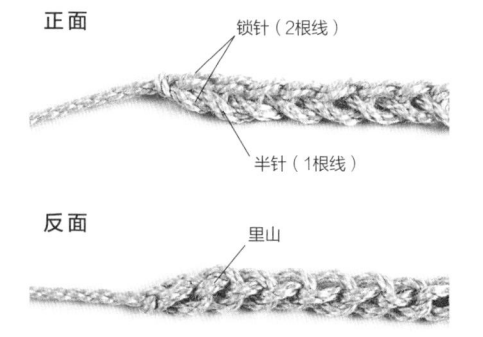

锁针（2根线）

半针（1根线）

反面

里山

锁针起针的挑针方法

1

里山

2

挑起里山钩织。

起针处呈现辫子形状。除此之外，还有挑起"半针与里山"以及"半针"的情况。

挑针的方法和针的特征

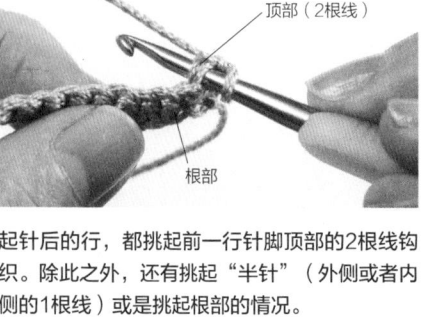

顶部（2根线）

根部

起针后的行，都挑起前一行针脚顶部的2根线钩织。除此之外，还有挑起"半针"（外侧或者内侧的1根线）或是挑起根部的情况。

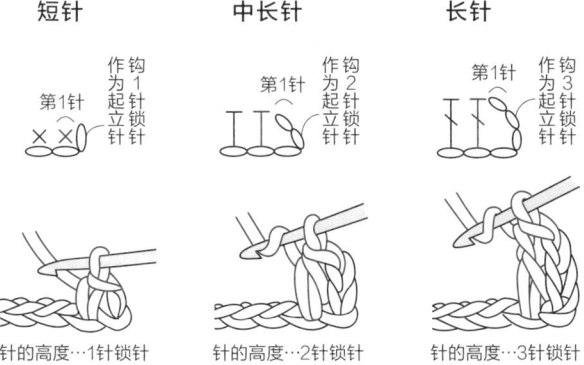

短针

第1针 作为1针起针锁针立针针

中长针

第1针 作为2针起针锁针立针针

长针

第1针 作为3针起针锁针立针针

针的高度…1针锁针

针的高度…2针锁针

针的高度…3针锁针

备忘 短针的起立针不算作1针。

钩织方向

片状钩织

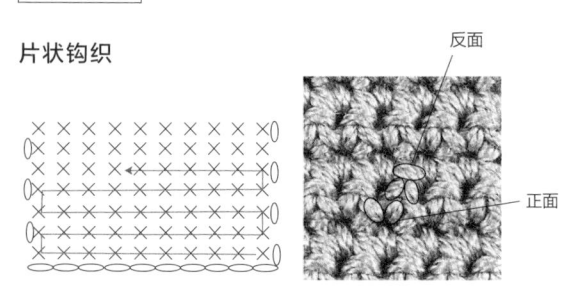

反面

正面

翻转织片往返钩织。针脚呈现正反交替的样子。

环状钩织

环

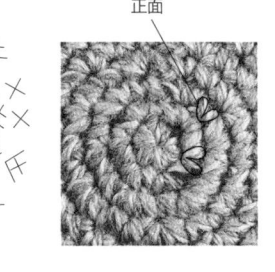

正面

从中心开始，朝同一方向向外环状钩织，通常针脚都呈现正面的样子。

备忘 根据款式不同，环织也有往返钩织的情况。

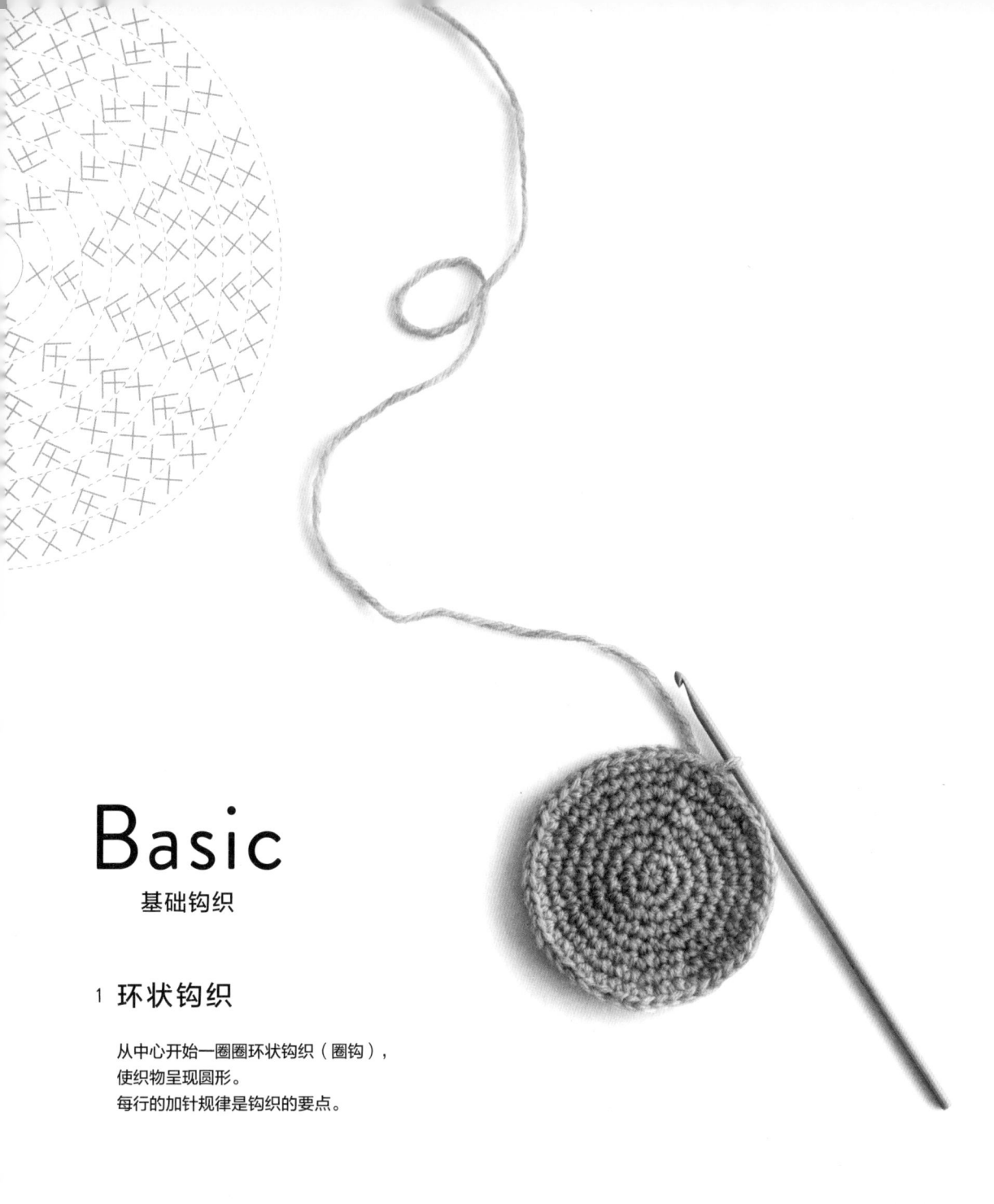

Basic

基础钩织

1 环状钩织

从中心开始一圈圈环状钩织（圈钩），
使织物呈现圆形。
每行的加针规律是钩织的要点。

技法备忘

· 环形起针法

· 边缘钩织

· 拉链的安装方法

· 纽扣和扣眼的制作方法

圆形小包

将2个圆形织片组合在一起做成的小包。
杯垫大小的尺寸十分便于携带。有拉链和纽扣两种款式。
直径均为11.1cm　制作方法→P12

针法…短针／锁针／引拔针
使用线材…羊毛线1色 2色

变化款式

拉链款　　　　纽扣款

前片

装拉链的位置
17针 / 15cm

（装纽扣的位置）
※纽扣款

⑩
开
口
处
的
边
缘
钩
织

9.5cm
（9行）

★（留150cm的线头）

环

⑨ ⑧ ⑦ ⑥ ⑤ ④ ③ ② ①

※纽扣款每2行换1次线

（扣眼）15针
※纽扣款

后片

⑩开口处的
边缘钩织

⑩底部的边缘钩织

将（前片）★处的线钩出

环

⑨ ⑧ ⑦ ⑥ ⑤ ④ ③ ② ①

钩织结束

针数…①6针 ②12针 ③18针 ④24针 ⑤30针 ⑥36针 ⑦42针 ⑧48针 ⑨48针

◯ 锁针　● 引拔针　✕ 短针　〤 短针1针分2针

━ 挑（外侧）半针钩引拔针　◣ 断线

步骤1　从环形起针开始钩织
▶①~⑨　教程

步骤2　在开口处钩织边缘
▶⑩开口处的边缘钩织　教程

步骤3　安装拉链　教程
※纽扣款跳过此步骤

步骤4　钩织底部边缘，
缝合2个织片
▶⑩底部的边缘钩织　教程
※纽扣款在此步骤后安装纽扣

● 材料
〔拉链款〕
Aran Tweed 浅粉色（5）14g
长12cm的拉链1条
手缝线适量
〔纽扣款〕
Aran Tweed 灰色（3）9g
象牙色（1）7g
直径1.8cm的纽扣1颗

● 工具
钩针6/0号　缝合针　手缝针

● 尺寸
直径11.1cm

技巧

每行结束时，在本行第1针上引拔。

需注意短针的起立针不计入针数。

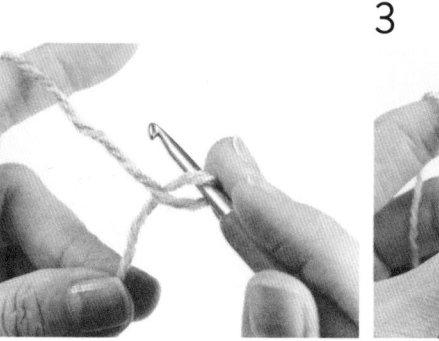

1

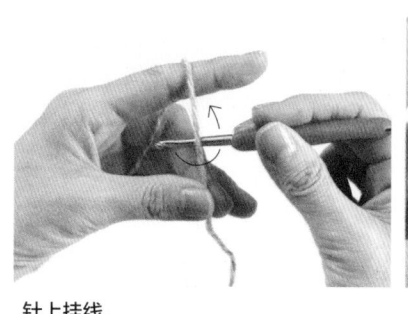

针上挂线。

2

扭动钩针使线圈呈环状。

3

用手指捏住线圈交叉部分，针上挂线钩出。

4

钩出线后的样子。起针完成，此针不计入针数。

5

第1行

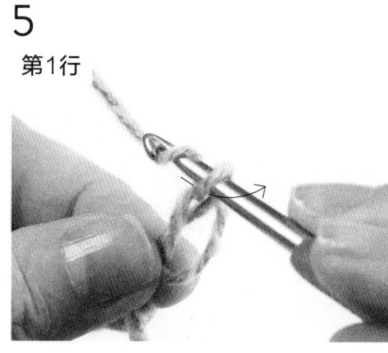

针上挂线，钩1锁针作为起立针。

6

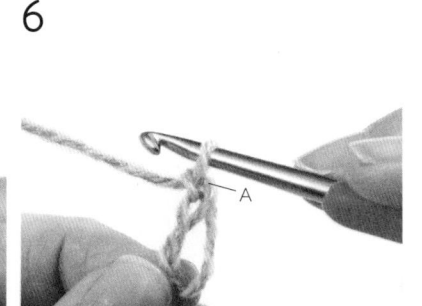

锁针起立针（A）完成。

7

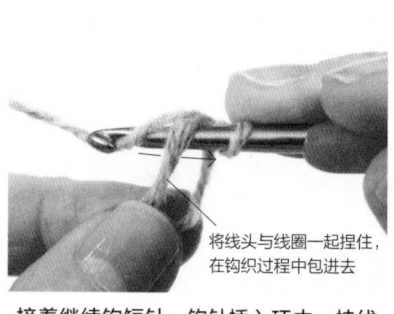

将线头与线圈一起捏住，在钩织过程中包进去

接着继续钩短针。钩针插入环中，挂线钩出。

8

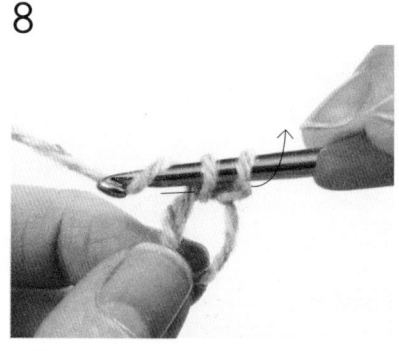

再次针上挂线，一次性引拔钩出。

9

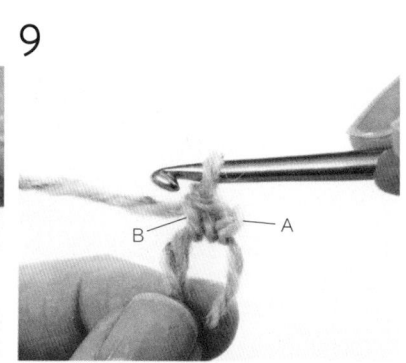

第1针短针（B）就完成了。

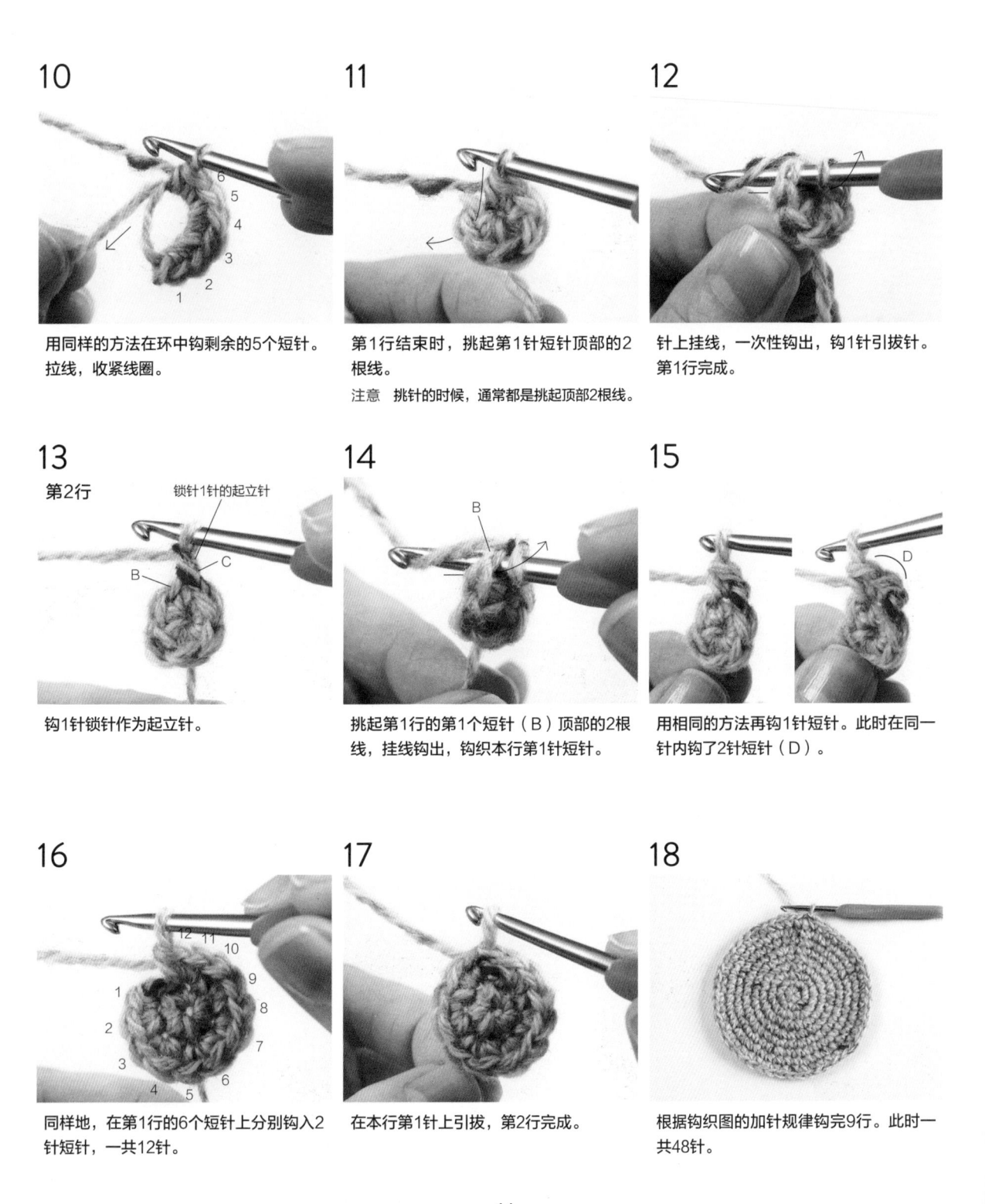

10

用同样的方法在环中钩剩的5个短针。
拉线，收紧线圈。

11

第1行结束时，挑起第1针短针顶部的2
根线。

注意 挑针的时候，通常都是挑起顶部2根线。

12

针上挂线，一次性钩出，钩1针引拔针。
第1行完成。

13

第2行

锁针1针的起立针

钩1针锁针作为起立针。

14

挑起第1行的第1个短针（B）顶部的2根
线，挂线钩出，钩织本行第1针短针。

15

用相同的方法再钩1针短针。此时在同一
针内钩了2针短针（D）。

16

同样地，在第1行的6个短针上分别钩入2
针短针，一共12针。

17

在本行第1针上引拔，第2行完成。

18

根据钩织图的加针规律钩完9行。此时一
共48针。

14

技巧

为了成品美观，将边缘的反面呈现在外侧，需要翻转织片，在反面进行钩织。

⑩开口处的边缘钩织

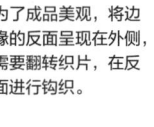

1

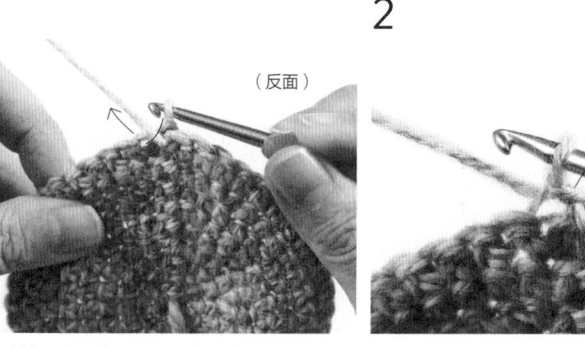

（反面）

翻转织片，按1~9行的反方向钩织。挑起前一行最后1针的半针（外侧）。

注意 挑半针（1根线）钩边让边缘更有层次感，能稍稍提升小包的厚度。

2

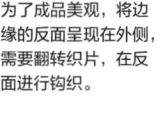

针上挂线引拔出，钩1针引拔针（A）。接着钩1针锁针。

3

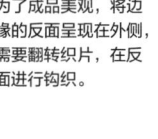

1针锁针（B）完成后的样子。

4

用同样的方法挑起下1针的半针（外侧）钩1针引拔针（C）。

5

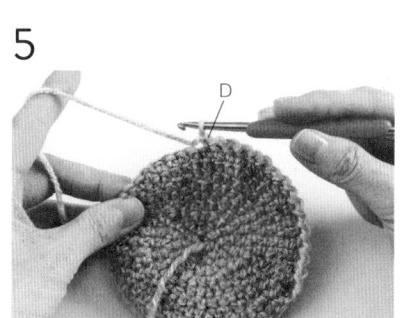

同样地，依次挑起前一行的17针钩织花边。边缘钩织完成后的样子（D）。

6

收针

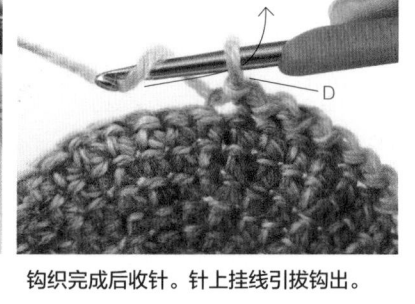

钩织完成后收针。针上挂线引拔钩出。

7

提起钩针拉长线圈，紧紧收住线头。

8

留15cm左右的线头用于收尾。本作品中的前片需要留150cm的线头用于钩织底部的边缘部分。

9

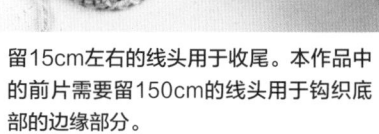

为了方便之后上拉链，除了底部钩边用线以外，其他的线头均需在此时处理完成。
▶P33

1

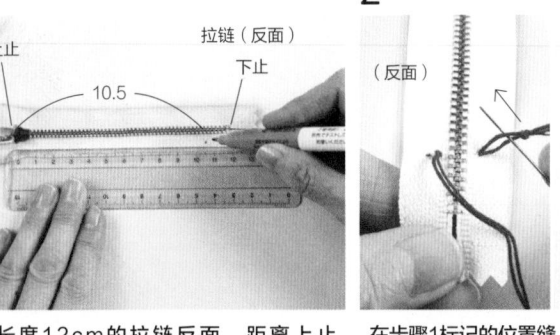

在长度12cm的拉链反面，距离上止10.5cm的位置做好标记（与织片开口长度相同）。如图所示，从拉链的上止位置开始测量。

2

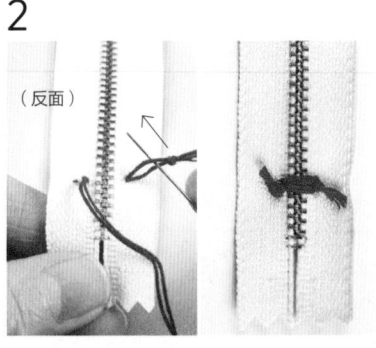

在步骤1标记的位置缝上线，代替拉链下止。针上2股线，线头尾部打结，在记号位置入针，穿过打结处的线圈固定。绕圈缝几次。
▶打结和收针的方法参照P31、32

3

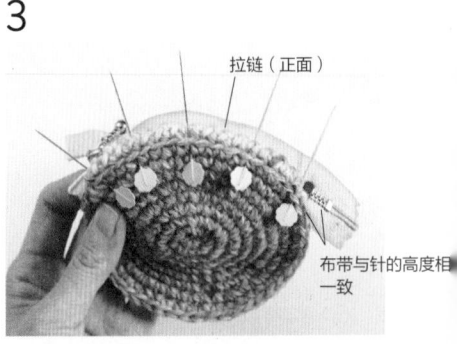

将拉链用固定针固定在织片反面，钩边前一行的位置。

注意　固定的是拉链布带（距离链牙0.7cm处）和每针顶部（锁针线下方）的部分。

4

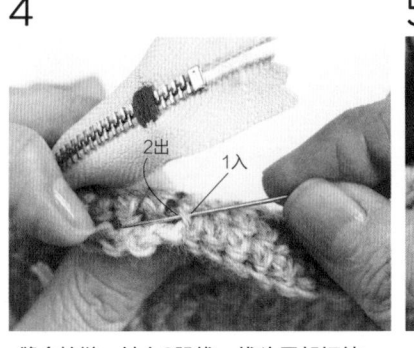

缝合拉链。针上2股线，线头尾部打结，穿过右边最边缘1针根部（反面）的1根线。

5

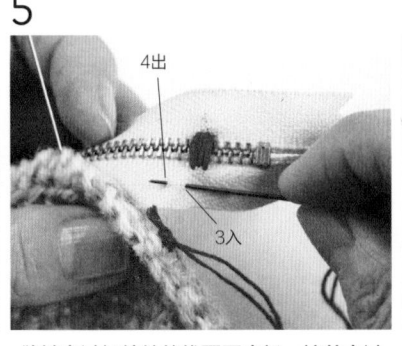

缝针穿过打结处的线圈固定好，接着穿过拉链尾部（距离下止线2、3mm处）进行缝合。

6

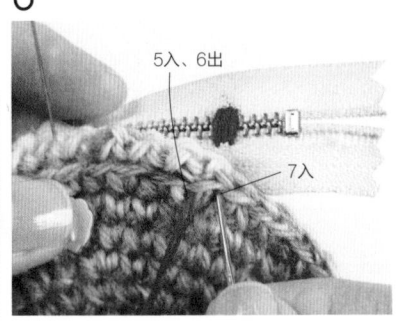

接着在每针顶部位置用回针缝的方法进行缝合。

7

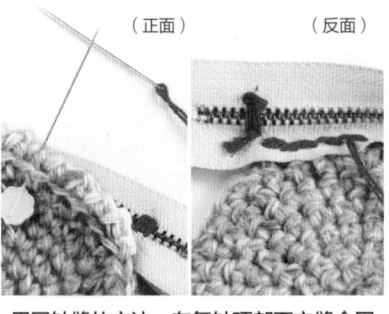

用回针缝的方法，在每针顶部下方缝合固定。另一侧也使用同样的方法缝合。

注意　选择与织片颜色相近的线进行缝合。

8

将拉链上止的边缘折进织片背面，缝合固定。注意不要在正面露出缝合针脚。

9

拉链的另一侧也使用步骤3～步骤8的方法进行缝合。

步骤4　钩织底部边缘，缝合2个织片

1

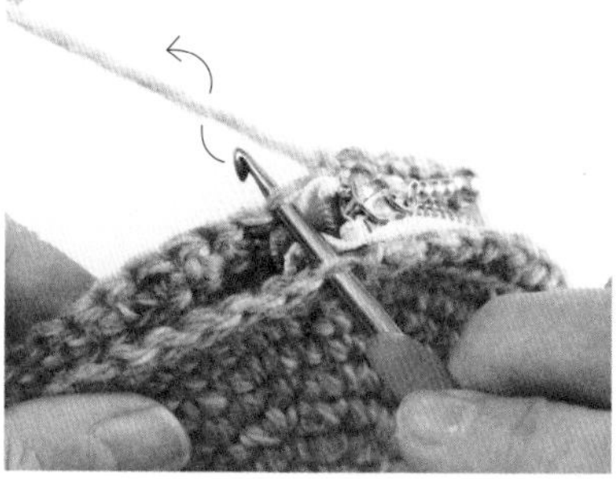

将前后织片重叠，用钩边剩余的线进行缝合。挑起前后织片的外侧半针，挂线引出。

2

继续挂线钩1针引拔针。

3

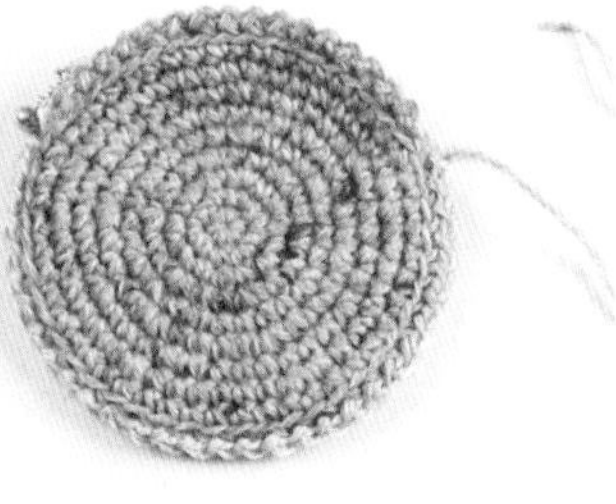

接着交替钩织锁针和引拔针，缝合底部。最后与P15相同，剪断线并收好线头。
▶P33

纽扣款安装纽扣的方法

1

扣眼

在后片边缘钩织的中间位置钩15针锁针，并在同一针中引拔。

2

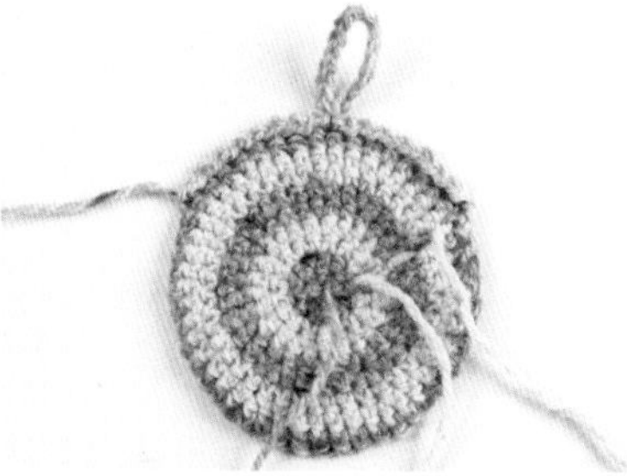

扣眼完成后继续钩织边缘。

1

纽扣

留15cm线头

将毛线（同款线）穿入缝合针，从缝合完成后的小包前片反面入针，从装纽扣的位置穿出。

2

将线十字交叉穿过洞眼，把纽扣固定在织片上。

3

线穿到正面，在纽扣下方绕2~3圈，从线圈中间的空隙处穿出。

4

线穿到反面，断线后打结，并将线头收进织片里。

Basic

基础钩织

2 片状钩织

在正面从右往左钩织，
翻转织片后再从反面的右边往左边钩织，如此重
复进行。
根据加减针的不同，除方形外还可以钩织出三角
形、梯形等织片。

技法备忘

· 锁针起针法
· 通过钩织边缘整理针脚
· 花样钩织

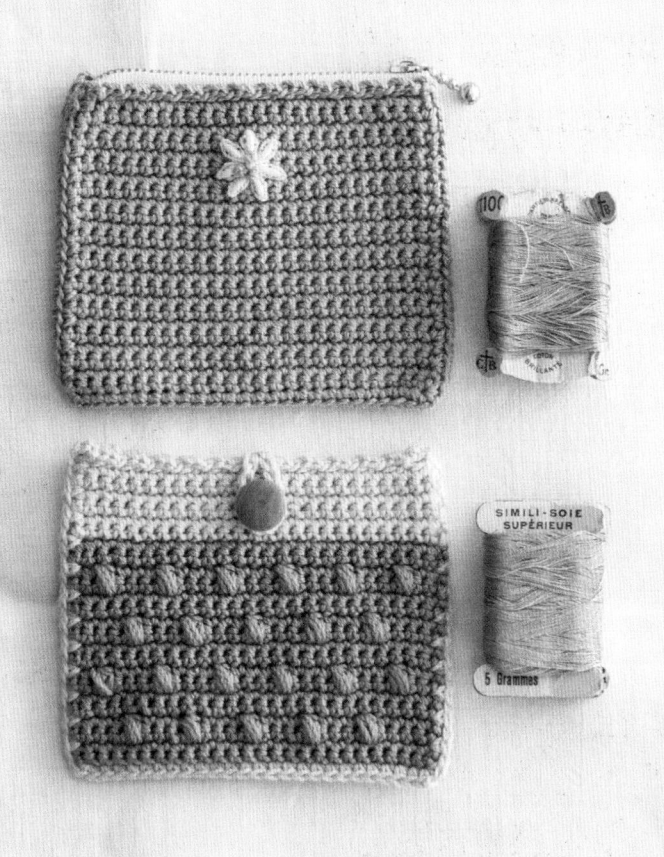

方形小包

将2个方形织片组合在一起做成简约的小包。
纽扣款小包在钩织过程中换色并加入了花样钩织，
使之具有立体感。
各9cm×11.5cm　制作方法→P22

针法…锁针／短针／枣形针／引拔针
使用线材…棉线1色 🧶 2色 🧶🧶

19

短针花样集

"短针"是钩针编织的基础针法之一。针脚较为密集，最适合钩织小物品。

在简单针法的基础上加入配色，或与其他针法组合钩织，便能变化出各种各样的图案。

线材/HAMANAKA Wash Cotton 灰色（39）、本白色（2）、茶色（38）
钩针5/0号
打开外封，参照内封上的钩织图。

A 条纹花样

每2行换一次颜色，形成条纹花样。
可以通过增减换色的间隔行数来调整条纹的粗细。

●重复钩织A线（2行）、B线（2行）

B 镂空花样

在短针之间加入锁针，使织片呈现轻盈之态。

●重复钩织A线（2行）、B线（2行）

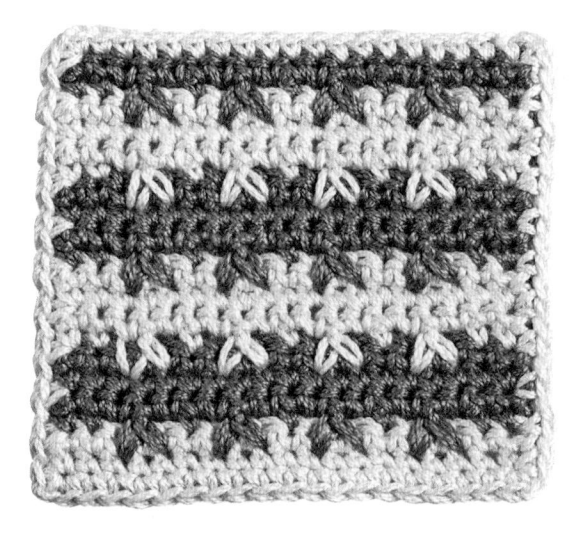

C 鱼骨花样

通过钩织"短针2针并1针"的变化针来形成倒V形的花样。

●A线（2行）之后，重复钩织B线（4行）、A线（4行）

花样变化

D 双色波浪花样

加入长针，钩织出浮起的波浪花纹。
平缓的弧线让织片充满顺滑感。
●重复钩织A线（2行）、B线（2行）

E 三色波浪花样

在D的基础上使用3种颜色进行钩织，
使织片更具复杂感。
●重复钩织A线（2行）、B线（2行）、
　C线（2行）

花样变化

F 双色水滴花样

加入枣形针钩出水滴的样子，
从而使织片呈现凹凸效果。
●重复钩织A线（2行）、B线（2行）

G 三色水滴花样

在F的基础上使用3种颜色进行钩织，
也彰显了水玉波点花样的魅力。
●重复钩织A线（2行）、B线（2行）、
　C线（2行）

方形小包

变化款式

拉链款　　　　　　纽扣款

步骤1　从锁针起针开始钩织

▶①～㉕ 教程

步骤2　钩织4条边的边缘
▶㉕两侧和底部的边缘钩织、 教程
　㉕开口处的边缘钩织

※纽扣款的前后片重叠在一起钩织边缘，
装上纽扣

步骤3　安装拉链 教程

步骤4　"卷针缝合"前后片
　　　　的两侧和底部 教程

●材料
<拉链款>
HAMANAKA Wash Cotton 芥黄
色（27）20g
长10cm的拉链1条
直径2.2cm的花形蕾丝花片2个
手缝线适量
<纽扣款>
HAMANAKA Wash Cotton
A浅茶色（23）16g
B象牙色（2）7g
直径1.5cm的纽扣1颗

●工具
钩针5/0号　缝合针　手缝针

●钩织密度
短针　24针×29.5行
（10cm×10cm）

●尺寸
各9cm×11.5cm

边缘钩织的方法

拉链款
※前后片分别
钩织边缘

纽扣款
※将前后片重叠
在一起钩织边缘

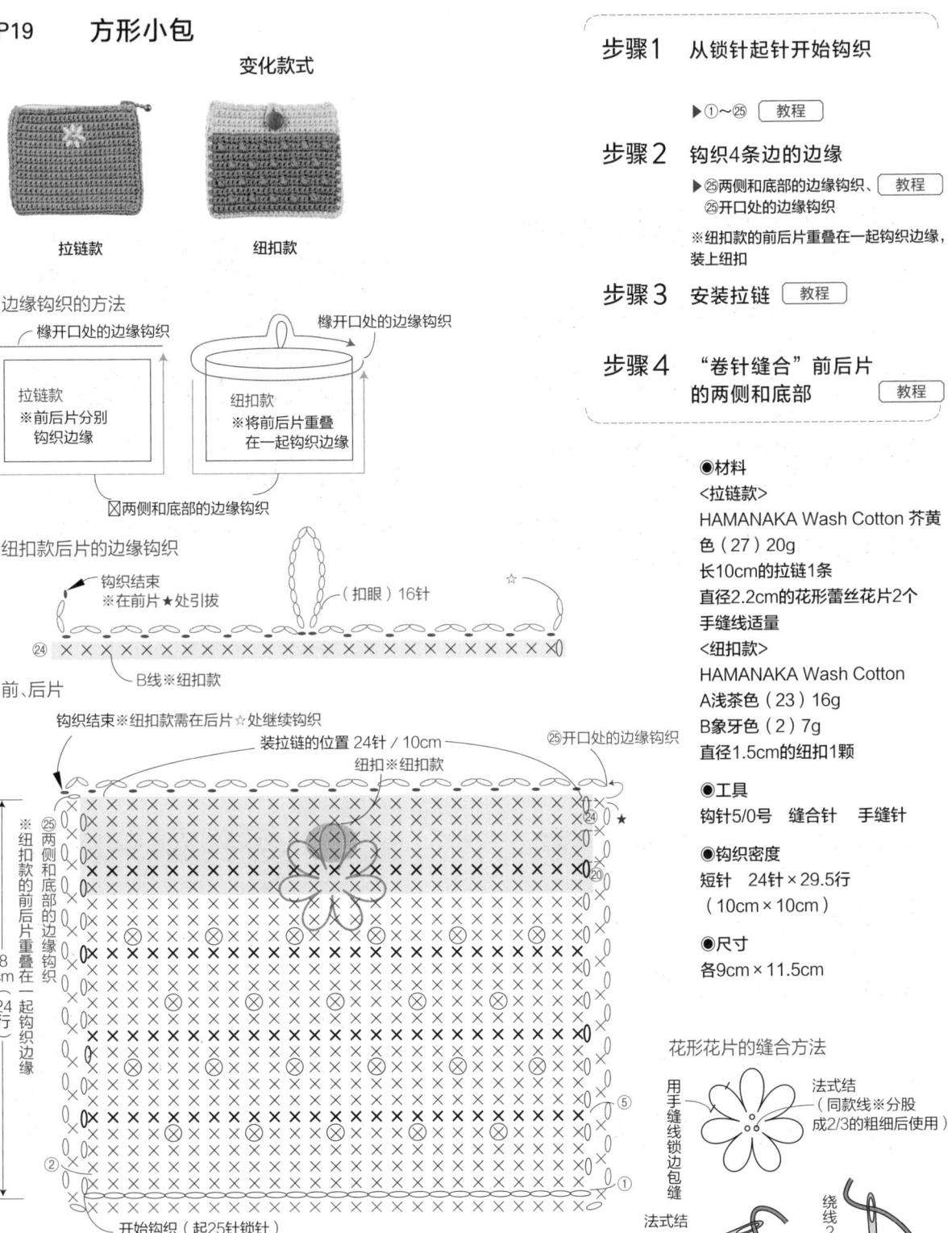

⊝锁针　●引拔针　×短针　　⊗ = 挑起前2行的针钩中长针3针的枣形针
※纽扣款的情况下

花形花片的缝合方法
用手缝线锁边包缝
法式结
（同款线※分股
成2/3的粗细后使用）
法式结　　　绕线2圈
1出　　　　2入

22

技巧

挑起针锁针的里山钩织。
留下锁针的2根线，让
边缘看上去更整齐。

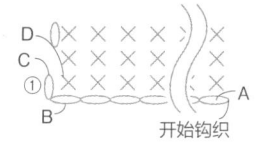

开始钩织

1

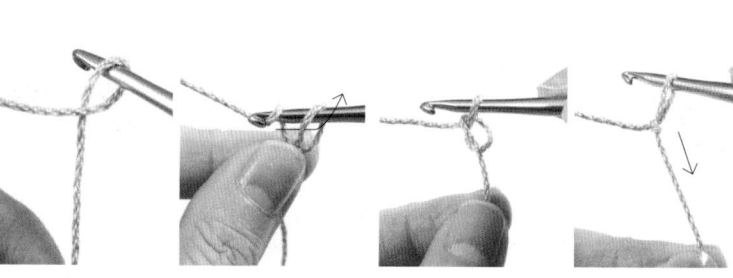

用P13步骤1~3同样的方法，转动钩针
并在针上挂线，从线圈中将线钩出。

2

拉动线头，收紧线圈打一个结。此针不计
入针数。

3

钩锁针起针。针上挂线钩出，完成1针锁
针（A）。

4

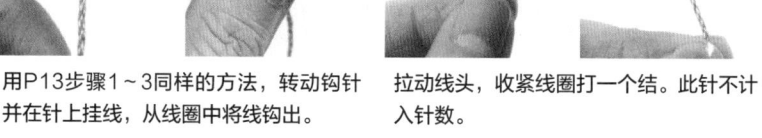

重复步骤3，继续钩24针锁针（B），起
针的25针锁针完成。

5

第1行

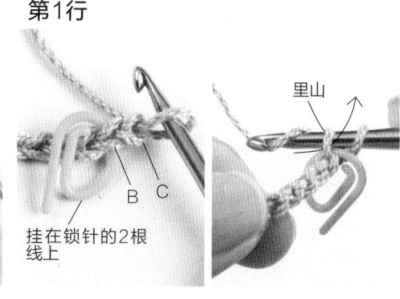

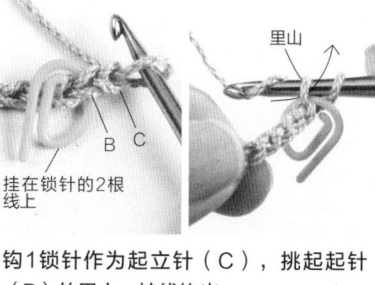

挂在锁针的2根
线上

里山

钩1锁针作为起立针（C），挑起起针
（B）的里山，挂线钩出。

注意　为了正确识别针数，在起针边缘的锁针
（B）上挂计数环。

6

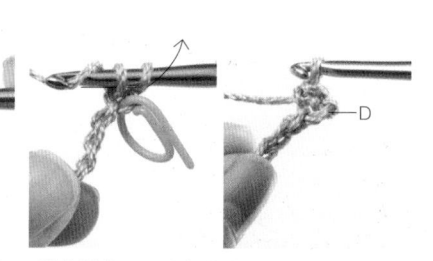

针上挂线，一次性钩出。1针短针（D）
就完成了。

用同样的方法，挑起针锁针的里山继续钩
织短针，第1行共钩25针短针。

7

第2行

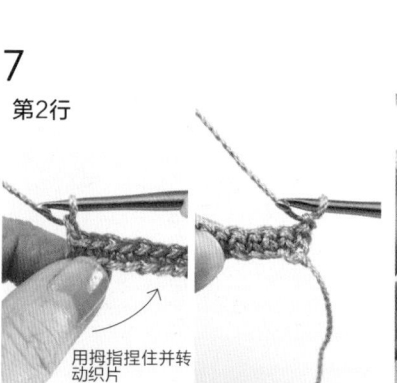

用拇指捏住并转
动织片

第1行完成后，钩1锁针作为第2行的起立
针，翻转织片。

注意　为了不让线扭在一起，钩完锁针后再翻
转织片。

8

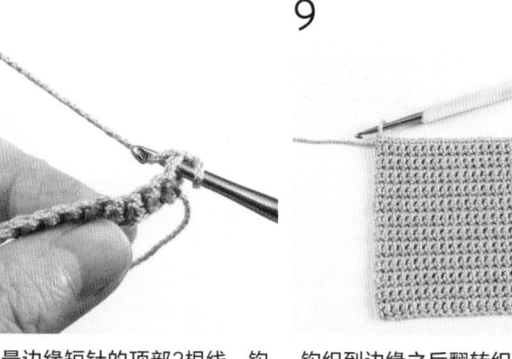

挑起第1行最边缘短针的顶部2根线，钩
织第2行最初的短针。

注意　第2行以后，都挑起前一行针脚的顶部
2根线钩织。

9

钩织到边缘之后翻转织片，图中为24行
完成后的样子。前片完成。

步骤2 钩织4条边的边缘

在织片周围"钩织边缘"来调整边缘的针脚，卷边缝合时挑针会更轻松。

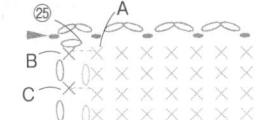

1

左侧

钩好24行之后，继续在织片周围钩1圈边（第25行）。先钩1锁针作为起立针。

2

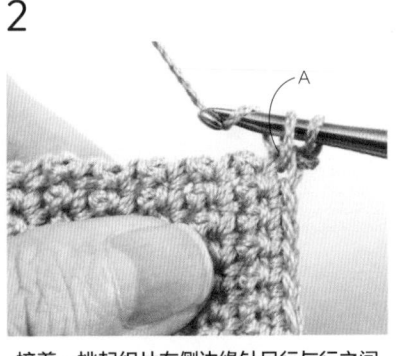

接着，挑起织片左侧边缘针目行与行之间（A）的部分，钩1针短针。

注意　在织片的两侧，需挑起起立针或短针的根部钩织。

3

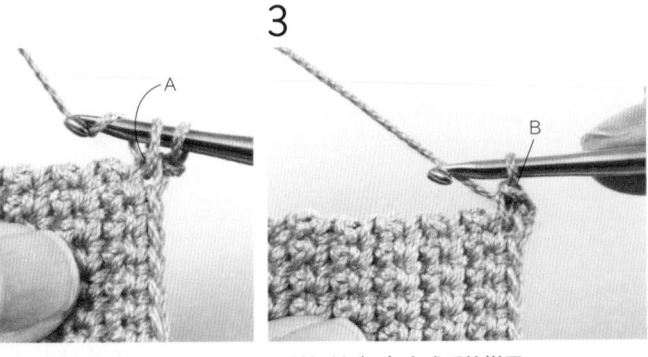

1针短针（B）完成后的样子。

4

钩1锁针，之后同步骤2一样，每隔1行挑起行与行之间的针目钩1针短针（C）。

5

用相同的方法一直钩到最边缘。下一条边挑起织片底部的边缘钩织。

6

底部

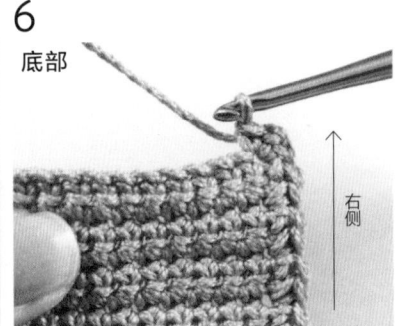

在织片底部的起针上挑起2根锁针线，钩入1针短针、1针锁针、1针短针。

7

接着挑起每针的锁针线钩短针，直到边缘位置。边角位置同步骤6一样，钩入1针短针、1针锁针、1针短针。

8

左侧~开口处

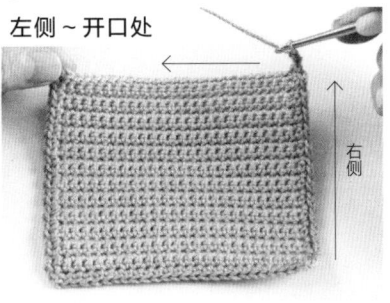

用步骤1~5相同的方法，在右侧钩织边缘，接着给开口处钩织边缘。图中为开口部分最初的2锁针钩好后的样子。

9

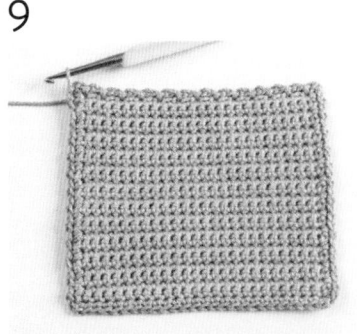

按照间隔1针，钩1针引拔针，2针锁针的规律钩织。最后的引拔针在钩边最初的短针上引拔。

1

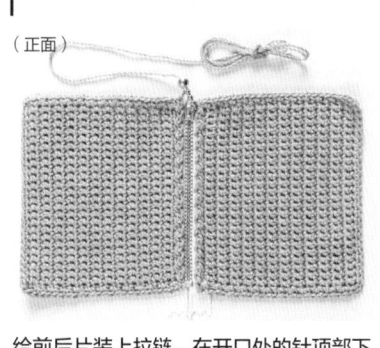

给前后片装上拉链。在开口处的针顶部下方进行回针缝。▶缝合方法参照P16

2

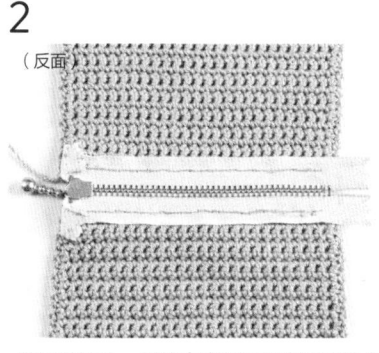

将拉链拉头一侧的多余部分折进反面缝合好。

3

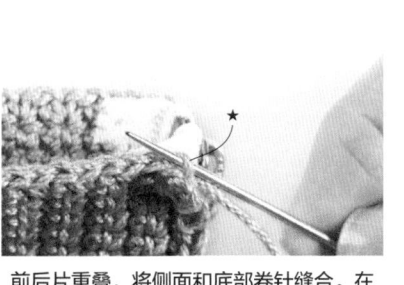

前后片重叠，将侧面和底部卷针缝合。在边缘锁针的半针（★内侧）处入针。

4

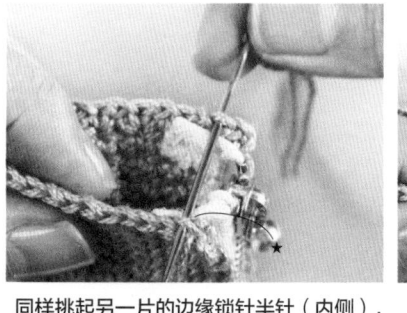

同样挑起另一片的边缘锁针半针（内侧），同时穿过最初挑起的边缘针（★）。

5

同时穿过前后片对应针目的半针，依次缝合。

6

卷针缝合逐针对应的样子。接着将底部、另一侧边也卷针缝合。最后将线头收进织片内。

纽扣款水滴花样（中长针3针的枣形针）的钩织方法

1

在挂线钩针往下数第2行的短针顶部位置入针，挂针钩出。

2

再次挂线钩出2次，接着针上挂线一次性引拔穿过所有线圈。

注意　挂线钩出的高度需与本行短针高度相一致。

3

1针"中长针3针的枣形针"完成。

注意　如图所示，"中长针3针的枣形针"会与顶部锁针线部分稍显分离。

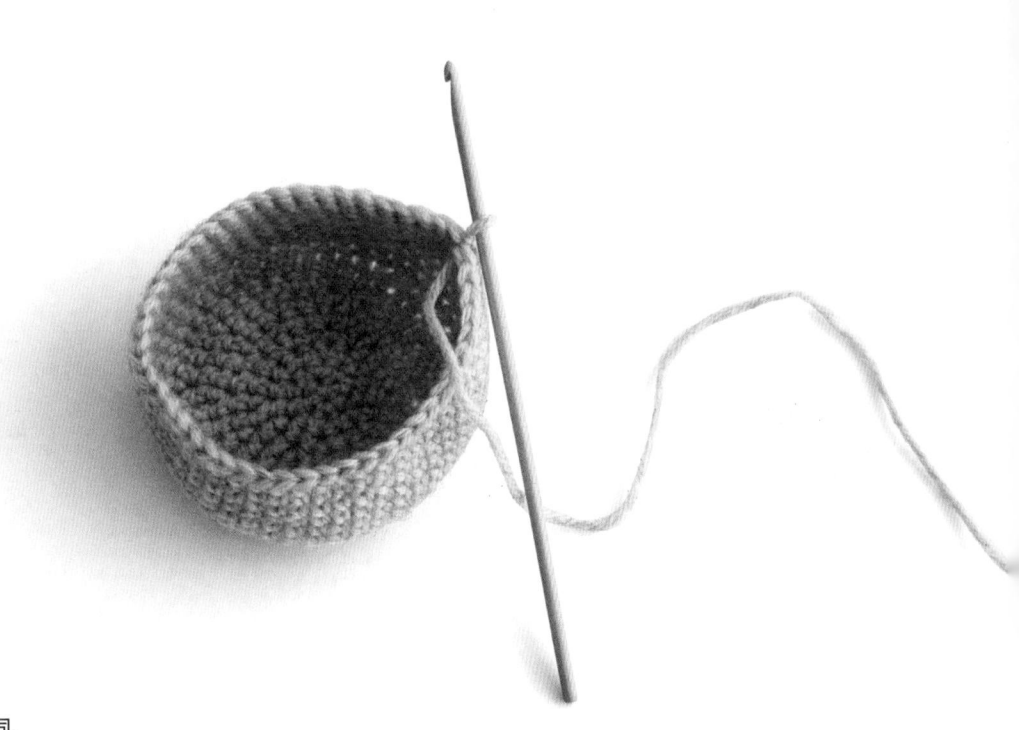

Basic

基础钩织

3 筒状钩织

与基础钩织1环状钩织相同，
只需在钩织过程中调整针数，便能让织片变成立
体的筒状。
圆筒的形状用来做小包最合适不过了。

技法备忘

- 从环形起针到立体筒状
- 换线方法
- 花样钩织
- 缝合口金的方法

锯齿花样口金包

用枣形针组成的锯齿花样，是这款口金包的亮点。
缝合时，缝针依次穿过口金孔眼，使成品结实牢固。
高10.2cm　制作方法→P29

针法…锁针／短针／枣形针／引拔针
使用线材…亚麻线　2色各1团

锯齿花样翻盖包

钩织方法与P27相同，以翻盖代替口金。
包身形状一致，仅改变了开口处的设计，便能使作
品呈现出完全不同的风格。
高12cm　制作方法→P29

针法…锁针／短针／枣形针／引拔针
使用线材…亚麻线　2色各1团

锯齿花样口金包

变化款式

口金款　　　纽扣款

步骤1　从环形起针开始到立体筒状的钩织
▶①～⑳ 教程
※纽扣款①～㉙、边缘钩织①

步骤2　缝合口金的方法 教程
※纽扣款装纽扣

缝合口金的方法

⊗的针脚需分别挑起左右根部

开始缝合
※针穿过边缘针脚的根部1根线（反面）

㉛　扣眼
㉒
㉓包盖15针
㉔
边缘钩织①

纽扣款※①～⑮与口金款相同、⑯～⑰钩织花样2行（与⑭、⑮相同）、
⑱～㉒的钩织方法与口金款的⑯～⑲相同

B线

口金款　　※成品的开口尺寸为24.5cm（58针）

缝合口金的位置　前侧（26针）　　侧边　　缝合口金的位置 后侧（26针）　　钩织结束　侧边

6.5cm（11行）

B线

针数…①6针
②12针
③18针
④24针
⑤30针
⑥36针
⑦42针
⑧48针
⑨54针
⑩54针
⑪～⑮18个花样
⑯58针

7.5cm（9行）

环

●材料
〈口金款〉HAMANAKA Flax K
A橙色（210）14g
B米色（12）7g
内径6.8cm 口金（31孔）
（HAMANAKA H207-008）1个
〈纽扣款〉HAMANAKA Flax K
A蓝色（211）19g
B浅灰色（208）11g
直径1.8cm的纽扣1颗
通用/手缝线适量

●工具
钩针4/0号　缝合针　手缝针

●钩织密度
短针　23.5针×26行（10cm×10cm）
花样钩织　8花样×7行（10.5cm×5.5cm）

●尺寸　高10.2～12cm

○ 锁针　　×短针　　∨短针1针分2针　　⋀短针2针并1针　　●引拔针
⬙中长针3针的枣形针　　⬙中长针3针的枣形针（挑束钩织）　　┃接线　　◤断线

29

技巧

"中长针3针的枣形针"会与顶部锁针线部分稍显分离，挑线的时候需要注意。

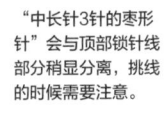

1

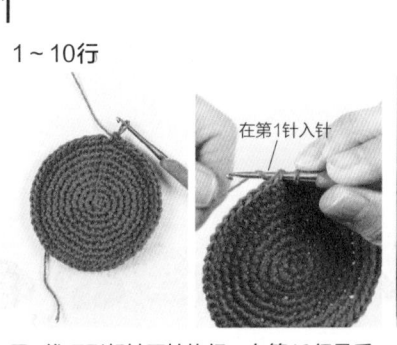

1～10行

在第1针入针

用A线环形起针开始钩织，在第10行最后的引拔步骤换线。将A线从前往后挂于针上。▶环形起针参照P13。

2

B线

手拿B线，在针上挂线钩出。

3

a

钩完1针引拔针（a）并换B线完成后的样子。第11行用B线钩织。A线不断线，暂时不钩。

4

第11行

钩2锁针作为起立针，钩"中长针3针的枣形针"。针上挂线，在第1针处入针，再次挂线钩出。

5

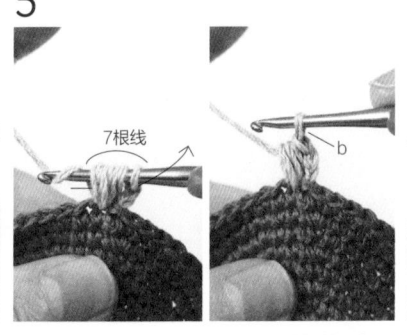

7根线

b

使用同样的方法，在同一针内挂线钩出2次，针上挂线一次性引拔穿过所有线圈。1针"中长针3针的枣形针"（b）完成。

6

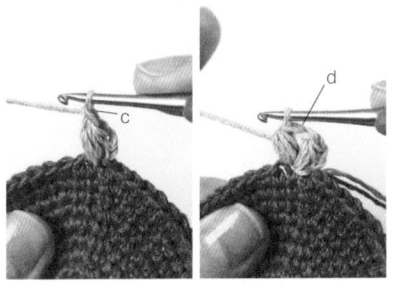

c   d

钩1针锁针（c），按照步骤5的方法，在同一针内再钩1针"中长针3针的枣形针"（d）。间隔2针，重复钩织b～d。

7

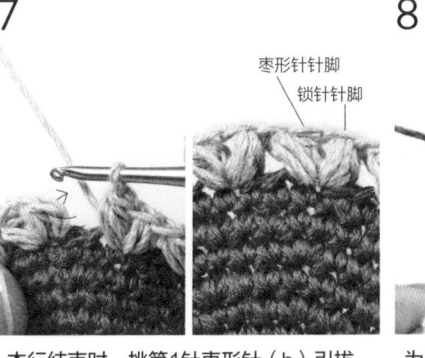

枣形针针脚
锁针针脚

本行结束时，挑第1针枣形针（b）引拔。

注意 枣形针针目有所偏离，注意不要挑错线。

8

A线（放于B线前面）

B   C

为了使每行花样整齐一致，在下一个锁针（c）引拔（挑束钩织▶P115）。下一行用A线钩织，将B线从前往后挂于针上，接着引拔出A线。

9

（反面）

A线换线完成后的样子。B线不断线，暂时不钩，之后两线交替钩织。

注意 注意暂时不钩的线的挂线方式，将渡线整洁地藏在反面。

1

主体完成后的样子。取下钩针，收好线头。
▶P33

2

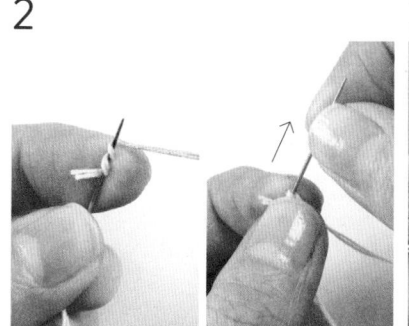

取2股手缝线穿入缝针，线头在针上绕2次，抽出缝针打结。

3

将缝针穿过缝合口金位置的右侧针脚的根部1根线（反面），在打结一侧的线圈处穿出，固定好。

4

接着在口金的第1个孔眼（★）处入针。

5

在第2个孔眼（☆）穿出。

6

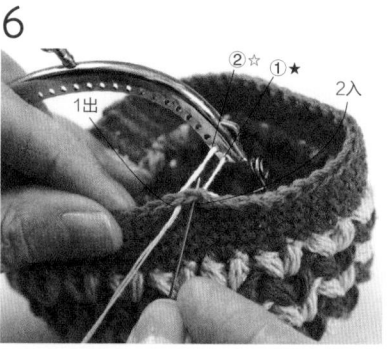

缝针穿过织片针脚。如图所示，在每针顶部2根线的下方进行缝合（1出、2入）。

7

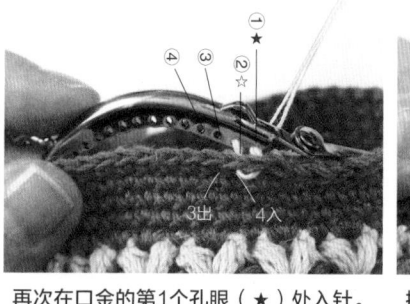

再次在口金的第1个孔眼（★）处入针。从③穿出（3出、4入），接着从②穿入，从④穿出。

8

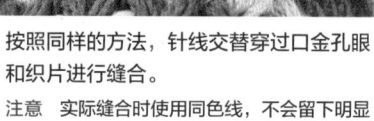

按照同样的方法，针线交替穿过口金孔眼和织片进行缝合。

注意 实际缝合时使用同色线，不会留下明显的缝合痕迹。

9

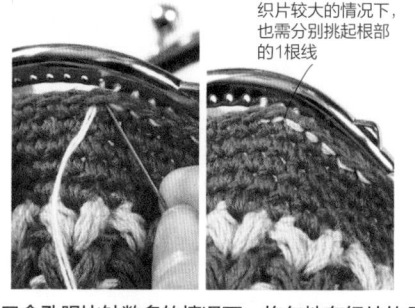

织片较大的情况下，也需分别挑起根部的1根线

口金孔眼比针数多的情况下，均匀地在织片的几个部位依次挑起每针根部的2根线来调节针数。

注意 口金孔眼和针数相吻合的情况下（口金孔眼需比针数多1针），依次缝合即可。

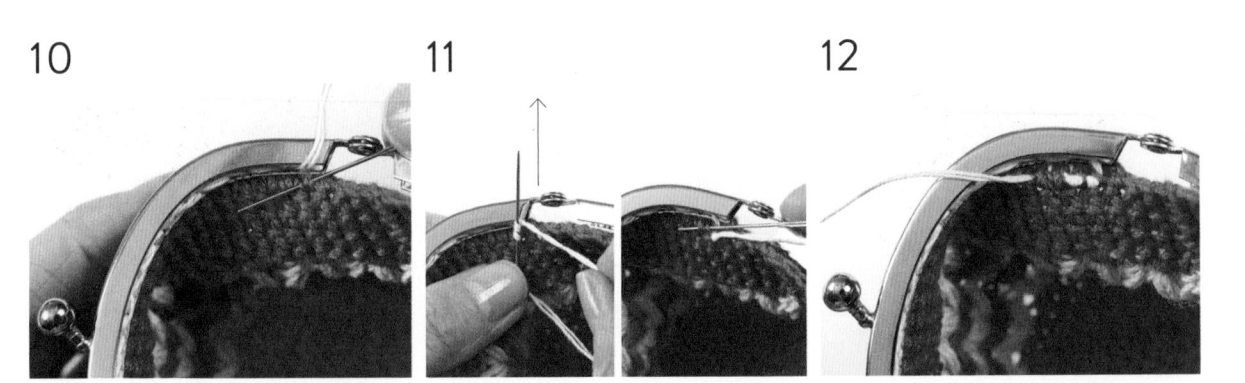

10

缝合至边缘，收好线头。在反面缝合位置的下方，用缝针将织片针脚的线劈开，藏好线头，注意不要在正面露出缝合线。

11

针上绕线2次，抽出缝针打结。缝针再次穿过织片针脚。

12

再一次打结，缝针在织片上多穿几针，剪断线头。

注意 打2次结，让线头收得更为牢固。

纽扣款的扣眼制作和边缘钩织方法

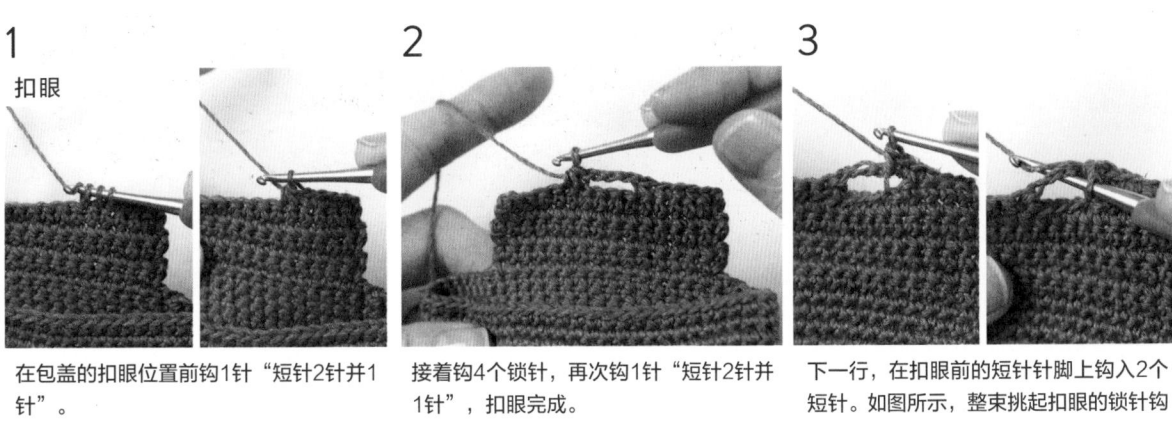

1

扣眼

在包盖的扣眼位置前钩1针"短针2针并1针"。

2

接着钩4个锁针，再次钩1针"短针2针并1针"，扣眼完成。

3

下一行，在扣眼前的短针针脚上钩入2个短针。如图所示，整束挑起扣眼的锁针钩短针。

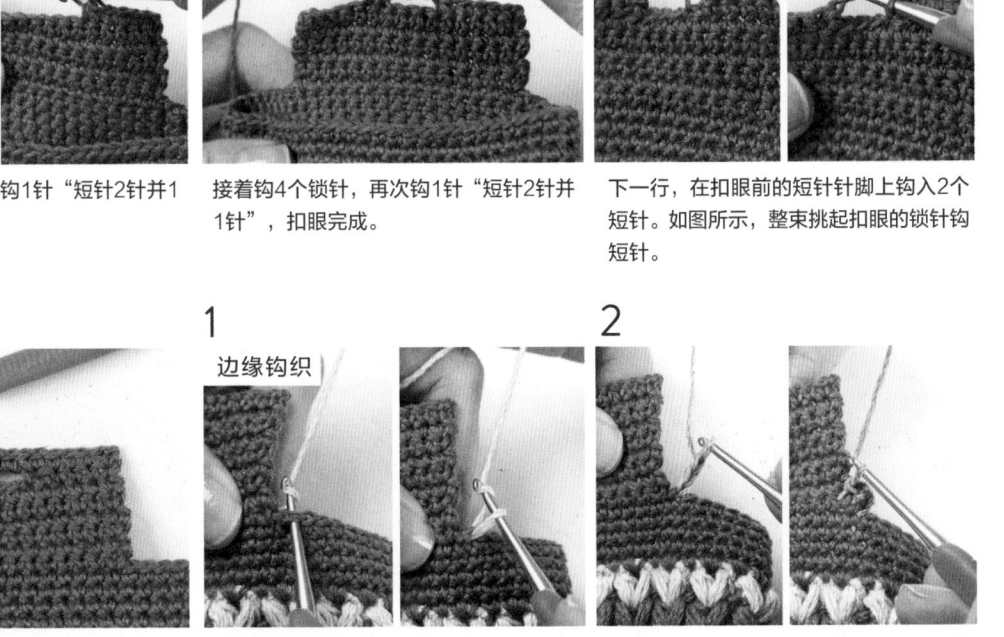

4

包盖完成后的样子。平整地开好了扣眼。

1

边缘钩织

在图中短针针脚顶部位置入针，钩出钩边用线，针上挂线钩1锁针。

2

再钩1针锁针，挑起包盖第1行的边缘针，钩1针引拔针。每隔1行钩引拔针，重复此步骤。

收线头的方法

在最后收好钩织起始处和结束部分的线头。
为了成品美观，线头需收进织物反面。

环状钩织时

1

约15cm

引拔完成后的样子。取下钩针，留出15cm左右的线头，剪断剩余的线。

2

线头穿入缝合针，接着穿过最后引拔的短针顶部的2根锁针线，从背面穿出。将线牢牢收紧。

3

（反面）

翻转织片，在出针位置边上多穿几针。

4

将线分股劈开穿入

倒回1针，穿入线的中间把线分股劈开，固定好线头（回针固定）。

5

回针固定后，再多穿几针，将线头剪断。比较顺滑的线需回针固定2次。

（反面）

收起始位置的线头时需注意不要让织片中心有空隙。使用回针固定方法将线头牢牢收好。

片状钩织时

1

最后1针完成后的样子。

2

挂线钩出，拉紧线头。与环状钩织不同，片织最后没有引拔针连接，需钩织锁针来收针。

3

约15cm

取下钩针，留15cm左右的线头，剪断剩余的线。按照"环状钩织时"的步骤3~4将线头收好。

水滴花样口金包

在简单的短针环状钩织基础上加入水滴花样。
装上用余线做的毛球，让小包显得更加温柔可爱。
高10.2cm　制作方法→P36

针法…锁针／短针／枣形针／引拔针
使用线材…羊毛线　各1团

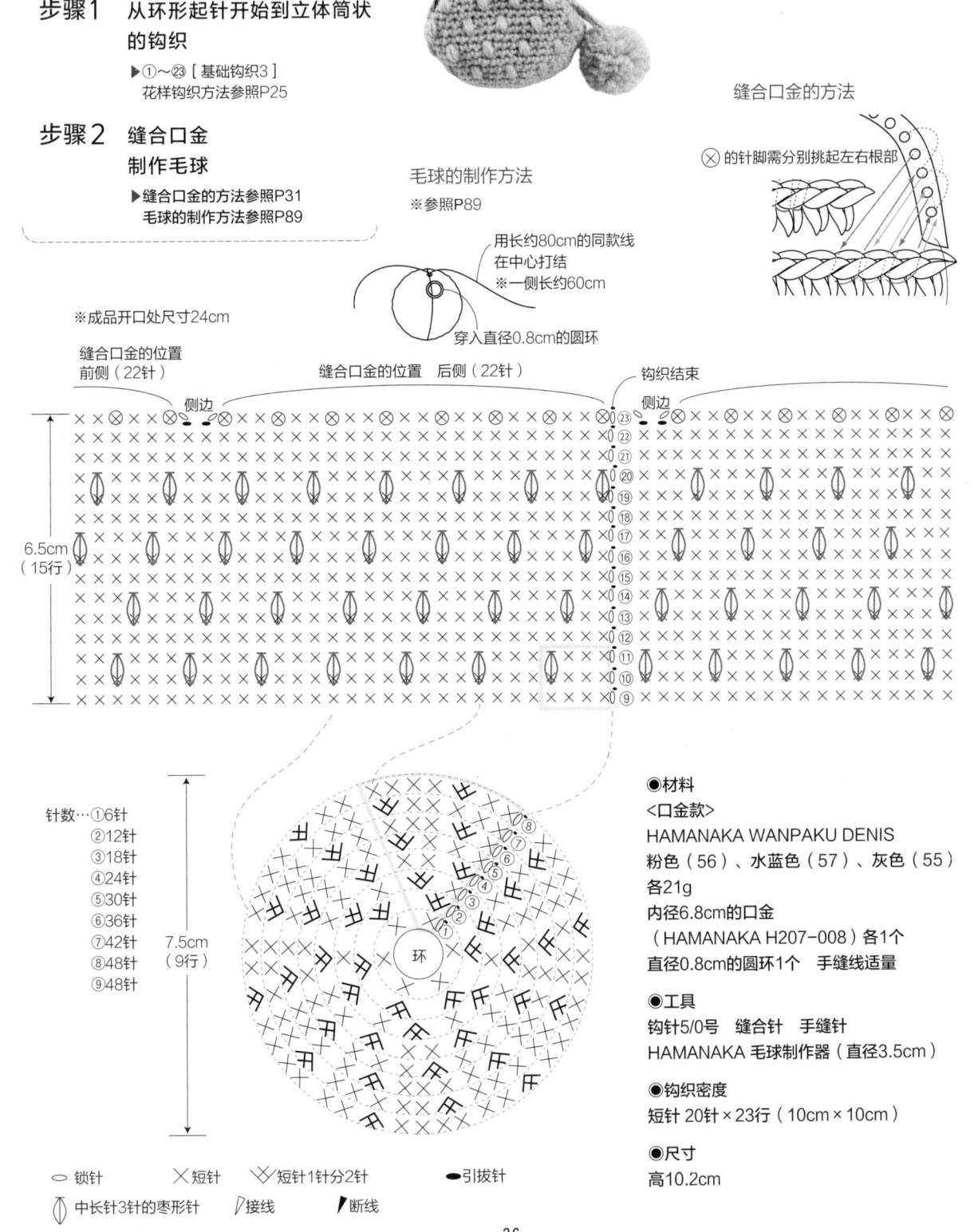

步骤1　从环形起针开始到立体筒状
　　　　　的钩织

▶①~㉓ [基础钩织3]
花样钩织方法参照P25

步骤2　缝合口金
　　　　　制作毛球

▶缝合口金的方法参照P31
毛球的制作方法参照P89

缝合口金的方法

⊗ 的针脚需分别挑起左右根部

毛球的制作方法
※参照P89

用长约80cm的同款线
在中心打结
※一侧长约60cm

穿入直径0.8cm的圆环

※成品开口处尺寸24cm

缝合口金的位置
前侧（22针）

缝合口金的位置　后侧（22针）

钩织结束

侧边

侧边

6.5cm
（15行）

㉓
㉒
㉑
⑳
⑲
⑱
⑰
⑯
⑮
⑭
⑬
⑫
⑪
⑩
⑨

针数…①6针
②12针
③18针
④24针
⑤30针
⑥36针
⑦42针
⑧48针
⑨48针

7.5cm
（9行）

环

⑧
⑦
⑥
⑤
④
③
②
①

●材料
<口金款>
HAMANAKA WANPAKU DENIS
粉色（56）、水蓝色（57）、灰色（55）
各21g
内径6.8cm的口金
（HAMANAKA H207-008）各1个
直径0.8cm的圆环1个　手缝线适量

●工具
钩针5/0号　缝合针　手缝针
HAMANAKA 毛球制作器（直径3.5cm）

●钩织密度
短针 20针×23行（10cm×10cm）

●尺寸
高10.2cm

◯ 锁针　　╳ 短针　　◊ 短针1针分2针　　● 引拔针

◊ 中长针3针的枣形针　　／接线　　▶断线

换线的方法

换线时，有不断线和断线两种方法。
接线时，需留15cm左右的线，便于最后收线头。

不断线换线的情况下

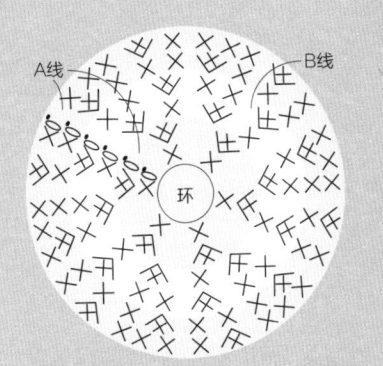

需再次使用同款线的情况下，不需要断线，暂时不钩即可。

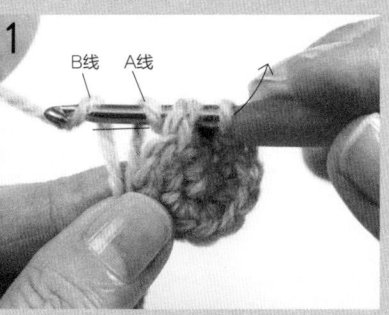

1　最后引拔的时候，针上挂原线（A线），并引拔钩出新线（B线）。如图所示，将原线从前往后挂于针上。

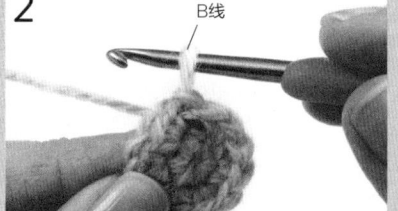

2　引拔完成后的样子。换B线完成。

3　将A线换到前方B线
不断线再次换线。按照步骤1的方法，在最后引拔的时候，将之前暂时不钩的A线挂于针上引拔出。

4　引拔完成后的样子。换A线完成。

反面
暂时不钩的线在反面渡线。注意步骤1～4中挂原线的方向，将渡线整洁地藏在背面。

断线换线的情况下

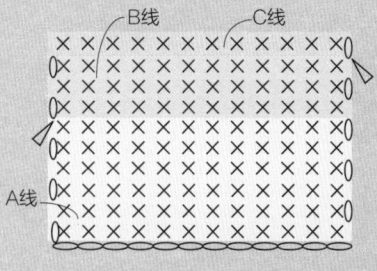

不需要再次使用原线的情况下，将原线剪断即可。
有在织片左侧换线（B线）和在织片右侧换线（C线）两种情况。

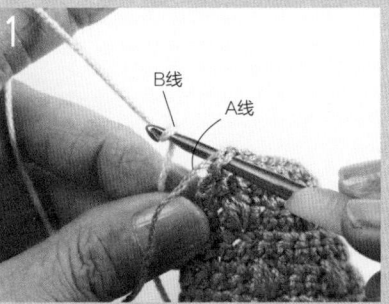

1　钩完最后1针，留15cm左右的线（A线），将线剪断。从织片正面入针，钩出新线（B线），钩1锁针作为起立针。

2　用B线钩了1针锁针后的样子。翻转织片，钩织下一行。换C线（左侧）时，翻转织片后从正面入针。

Advanced

进阶钩织

掌握了钩针的基础针法后，
让我们尝试更多的针法，
钩织各种款式的小包吧。
几乎每色只用一团线，
就可以完成这些小物件。
在日常生活中使用它们，
会增添愉悦之感。

圆筒笔袋

圆形的筒状笔袋加上用余线钩织的提手，制作成
波士顿风格的手提包。
直径6.5cm×18.5cm　制作方法→P42

针法…锁针／短针／枣形针／引拔针
使用线材…棉线　2色各1团 🧵🧵

方格花样弹片口金包

单手即可开合的弹片口金是本款小包的魅力所在。
两侧以三角形织片连接，成品为手掌大小的便携款。
9cm×9.5cm×6cm　制作方法→P45

针法…锁针／短针／长针／梭针／
外钩长针／引拔针
使用线材…亚麻线　2色各1团

方格花样拉链包

包身花样与P40的作品相同，在此基础上加大了尺寸。两侧以梯形织片连接，为小包增加了稳定感。
8.5cm×17.5cm×4.5cm　制作方法→P49

针法…锁针／短针／长针／外钩长针／引拔针
使用线材…亚麻线　藏青色2团  象牙色1团

三角形和梯形织片使用各自的钩
边方法与包身相连接。

41

P39 　　**圆筒笔袋**

步骤1　从锁针起针开始，钩织主体

▶主体①～⑩[基础钩织2]
换线的方法参照P46

步骤2　安装拉链

▶安装拉链的方法参照P25

步骤3　"引拔缝合"两侧织片

▶两侧织片①～⑧[基础钩织1]
〔教程〕

步骤4　缝合提手和小饰片
〔教程〕

●材料
HAMANAKA Wash Cotton
A象牙色（2）28 g
B樱桃粉（35）23g
长20cm的拉链1条
手缝线适量

●工具
钩针5/0号　缝合针　手缝针

●钩织密度
主体花样钩织　24针×30行（10cm×10cm）

●尺寸
直径6.5cm×18.5cm

两侧织片（左右各1片）

"锁链连接"仅
挑起两侧织片部分
※P57

缝合结束★

留130cm的线头用于缝合

B线

⑨缝合开始☆

环

6.5cm
（8行）

针数…①6针 ②12针 ③18针 ④24针 ⑤30针 ⑥36针 ⑦42针 ⑧48针 ⑨48针

小饰片

钩织开始（起5锁针）
※留40cm的线头用于缝合

钩织结束

2.5cm

B线

4cm

针数…①12针 ②18针 ③24针

提手（2片）

钩织开始（起36锁针）
※留30cm的线头用于与主体的缝合

卷针缝合（28针）

钩织结束
※留30cm的线头用于与主体的缝合

缝合在主体上（11针）

2.5cm

B线

卷针缝合（28针）

17cm

针数…①74针 ②80针 ③86针

主体

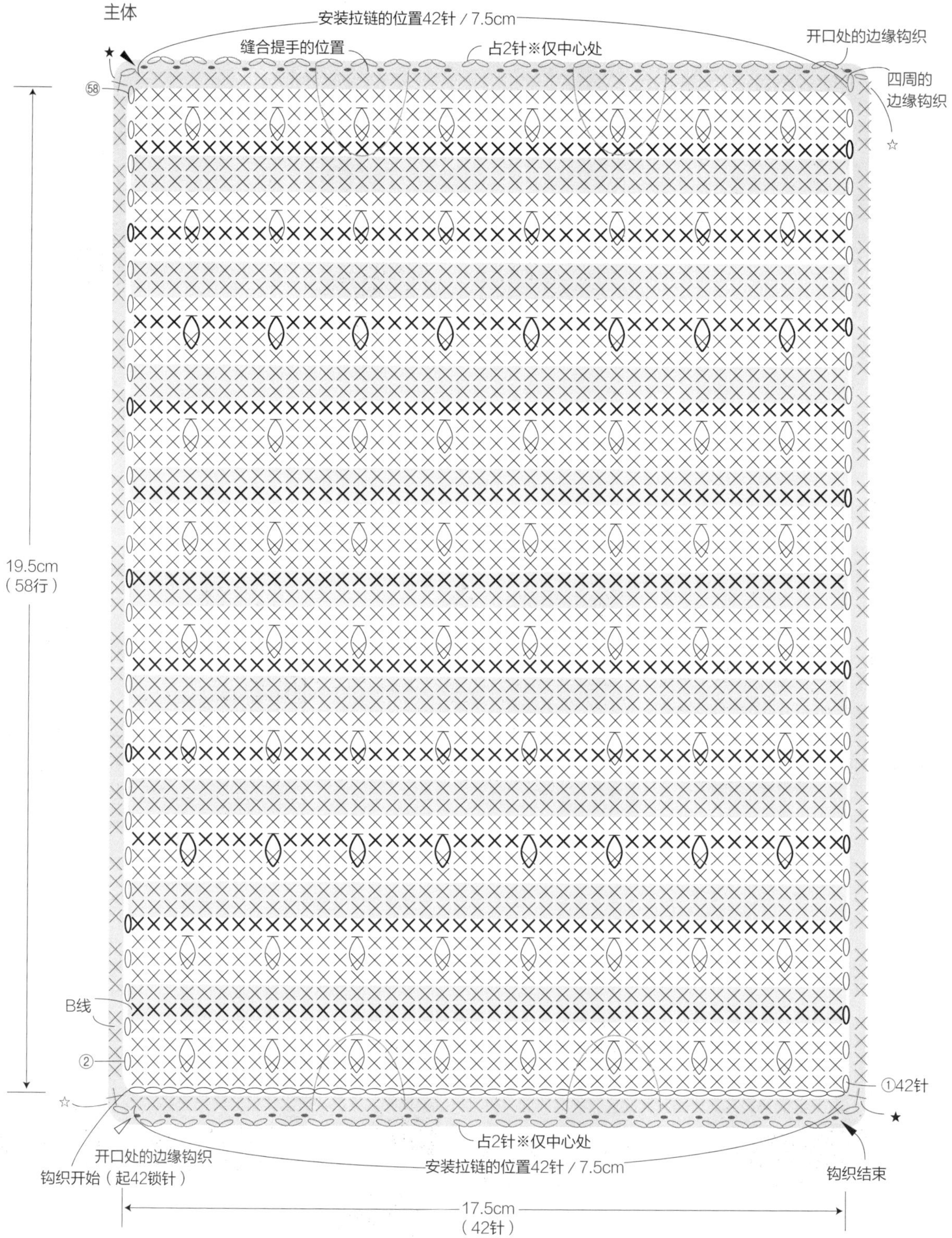

安装拉链的位置42针 / 7.5cm

缝合提手的位置　　　　　占2针※仅中心处　　　　　　开口处的边缘钩织

四周的边缘钩织
☆

⑱

19.5cm
（58行）

B线

②

☆
开口处的边缘钩织
钩织开始（起42锁针）

占2针※仅中心处

①42针

安装拉链的位置42针 / 7.5cm

钩织结束

17.5cm
（42针）

○ 锁针　● 引拔针　✕ 短针　Ⅴ 短针1针分2针　◇ = 中长针3针的枣形针
（教程P25）

▬ 挑（正面）半针的引拔针　／ 接线　◤ 断线

43

步骤3 "引拔缝合"两侧织片

1

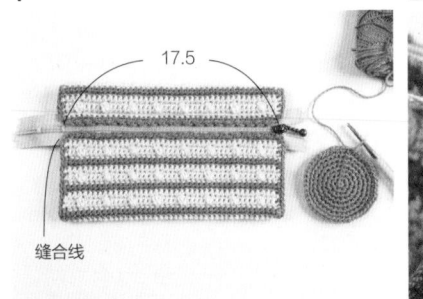

准备好主体和两侧织片。在主体的开口处钩边下方缝合上拉链，使之呈圆筒形。
▶安装拉链的方法参照P25

2

将织片重叠，挑起侧面织片的半针（外侧）和主体的整针（2根锁针线），用织片剩余的线头引拔缝合（钩织图☆～★）。

3

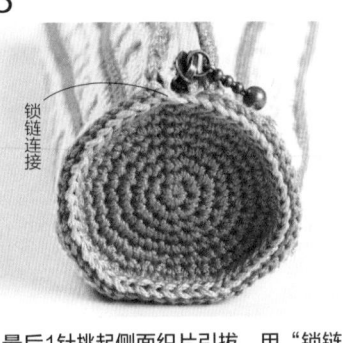

锁链连接

最后1针挑起侧面织片引拔，用"锁链连接"的方式处理好线头。▶参照P57

教程 **步骤4** 缝合提手和小饰片

1

提手

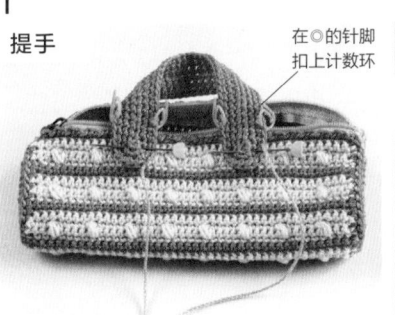

在◎的针脚扣上计数环

用固定针将提手暂时固定在包身上。

2

用提手部分开始和结束钩织时预留的线头进行缝合。在顶部针的下方，间隔1针缝合，接着朝相反方向，在空隙的针脚处再次缝合。

3

将50cm的同款线穿入缝合针，对折提手，线穿过整针卷针缝合28针。

注意 为处理线头时更容易，需在开头预留15cm的线头。

4

小饰片

2.5

拉链下止部分，缝线处以下留2.5cm左右，剩余部分裁减掉。

5

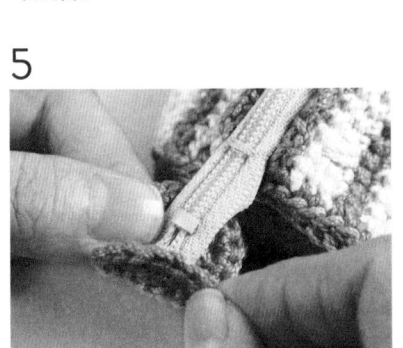

拉链布带部分折进一半，用小饰片夹住。

6

2处

用预留的40cm线头在顶部针脚处间隔1针缝合，接着朝相反方向再次缝合。在中心的2处固定并收好线头。

步骤1　从锁针起针开始，
用2色钩织主体

教程

▶①～56 ［基础钩织2］

步骤2　钩织两侧织片的边缘并缝合

教程

步骤3　安装弹片口金

教程

◉材料

HAMANAKA

A Flax K　绿色（207）24g

B Flax（lame）　乳白色（607）8g（夹金丝线）

长8cm的弹片口金（HAMANAKA H207-013）1个

◉工具

钩针4/0号　缝合针　锤子

◉钩织密度　花样钩织　3花样18针×7花样28行（7cm×10.5cm）

◉尺寸　9cm×9.5cm×6cm

边缘钩织的起始位置
（顶部4针中的第2针）

针数…①6针
②12针
③18针
④27针
⑤33针
⑥39针
⑦48针

两侧三角织片
（左右各1片）

环

钩织结束

6cm

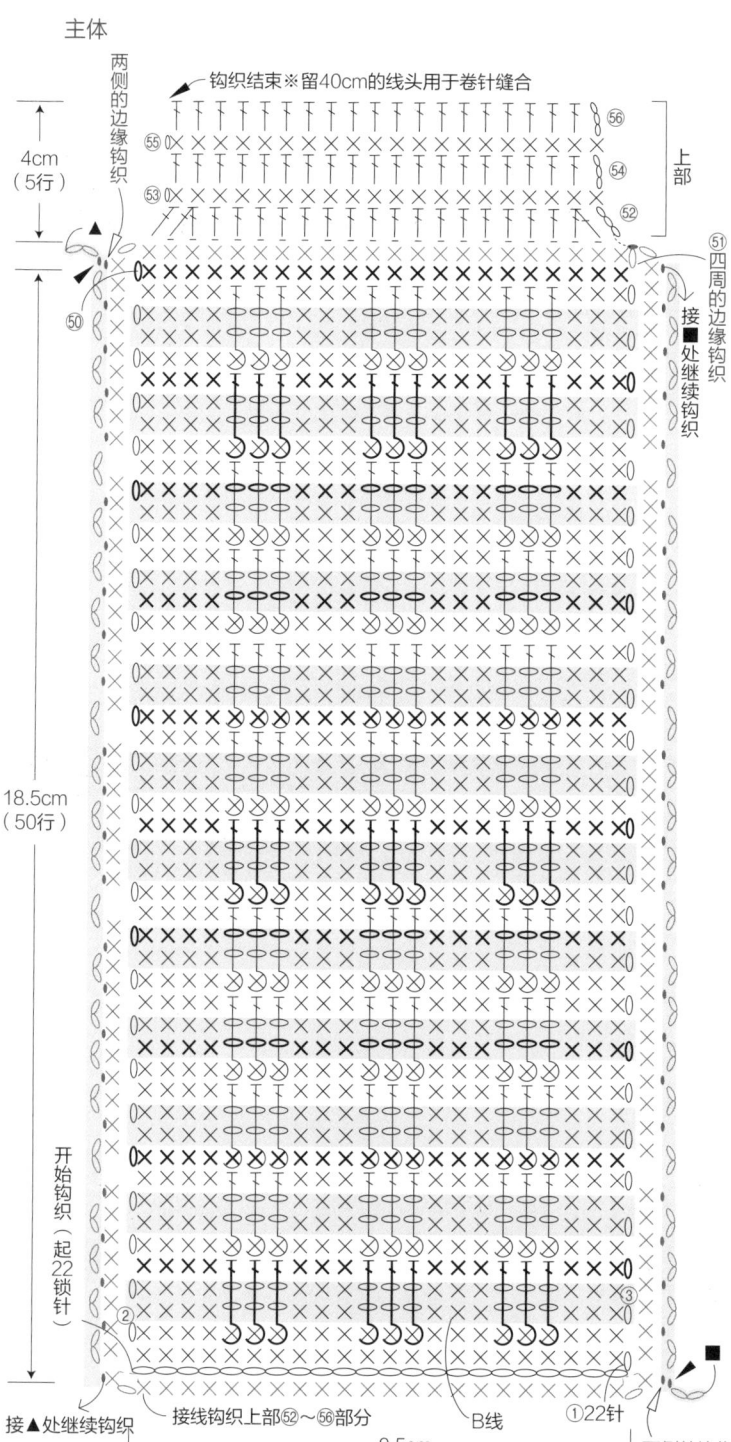

主体

两侧的边缘钩织

4cm
（5行）

钩织结束※留40cm的线头用于卷针缝合

上部

四周的边缘钩织

接■处继续钩织

18.5cm
（50行）

开始钩织（起22锁针）

接▲处继续钩织

接线钩织上部52～56部分

B线

①22针

两侧的边缘钩织

8.5cm
（22针）

◠ 锁针　　● 引拔针　　× 短针

┬ 长针　　长针的棱针（内侧半针）

外钩长针

短针1针分2针

短针1针分3针

短针1针分4针

接线　　断线

步骤1　从锁针起针开始，用2色钩织主体

技巧

由于是2色线交替钩织，每行结束无需断线，暂时不钩即可。

1

第1～2行

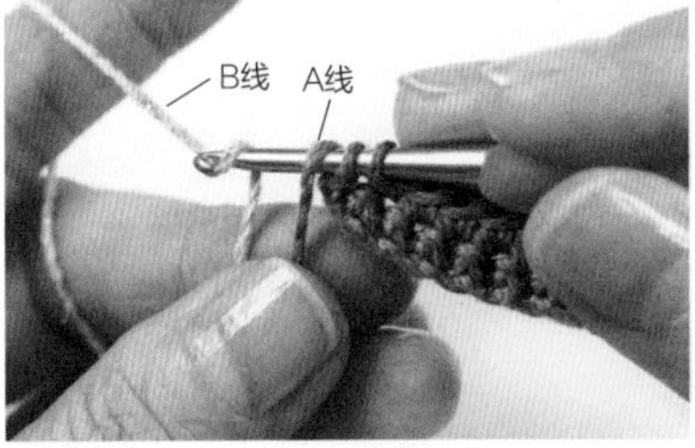

用A线钩织1～2行。在第2行最后的短针上引出，从后往前在针上挂A线，接着将第3行所需的B线挂在针上钩出。

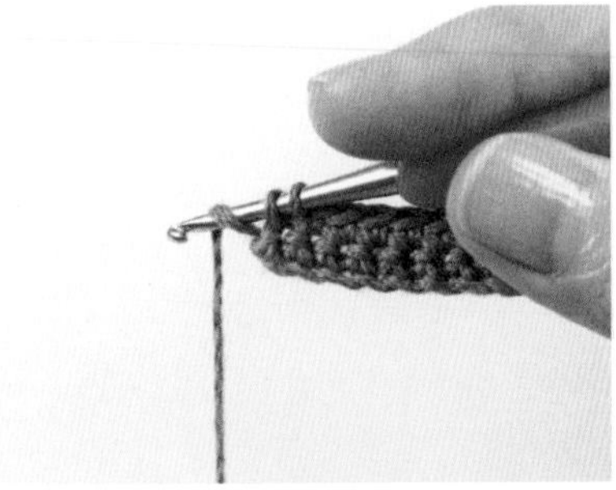

注意　如需在钩织图的左侧换线，则与步骤1不同，如图所示，需将暂时不钩的线从前往后挂于针上。

2

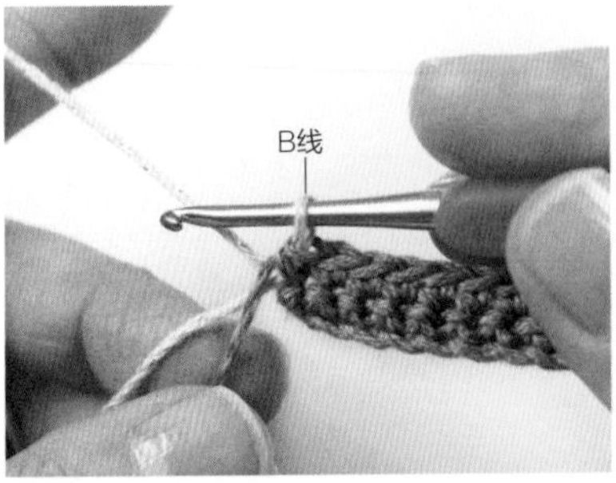

引拔完成后的样子。将针上的线换成了下一行所需的B线。A线暂时不钩。

3

第3～4行

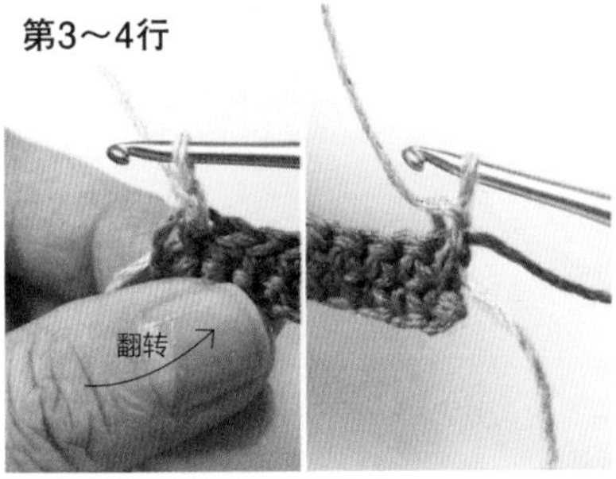

钩1锁针作为起立针，按箭头方向翻转织片，钩织第3行。

4

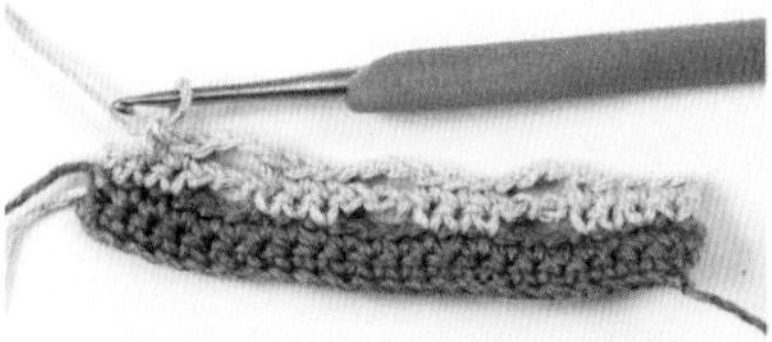

第4行钩织至最后1针前的样子。由于每2行换一次线，下一行用A线钩织。

5

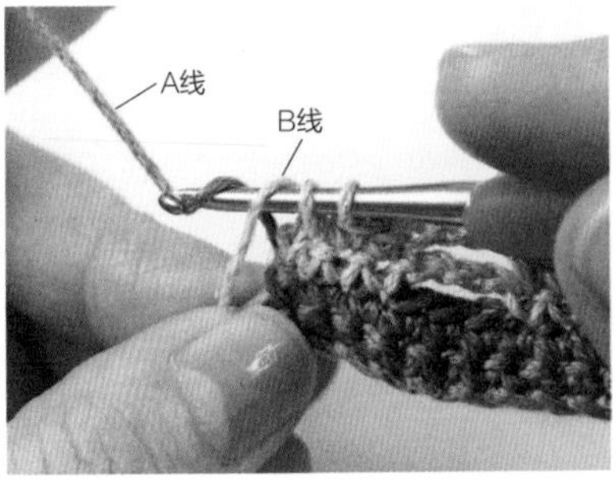

在第4行最后1针上引出，与第2行的方法相同，在针上从后往前挂B线，接着将A线钩出。

6

第5行

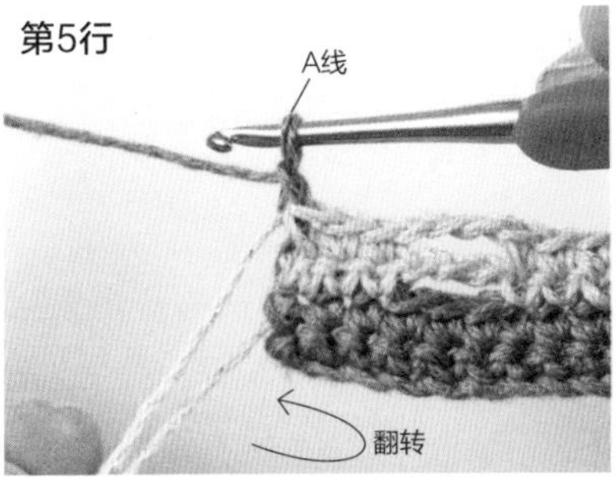

钩完最后1针，换A线完成。钩1锁针作为起立针，翻转织片。

7

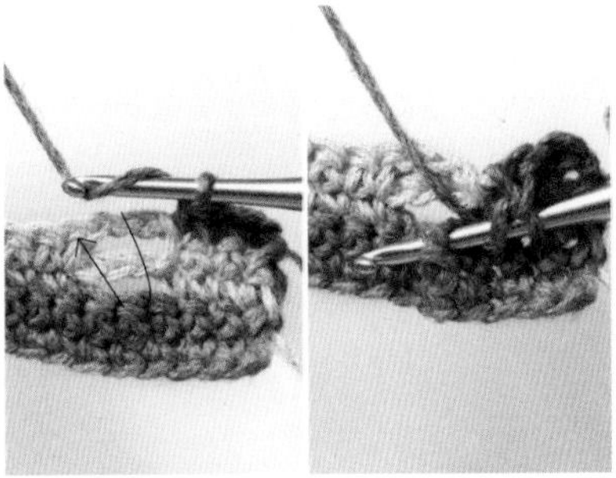

第4针钩织“外钩长针”，针上挂线，从往下第3行的针脚的正面入针。

8

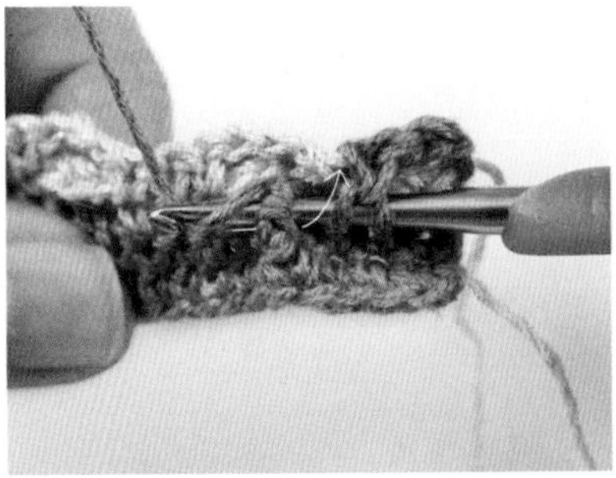

针上挂线钩出。

9

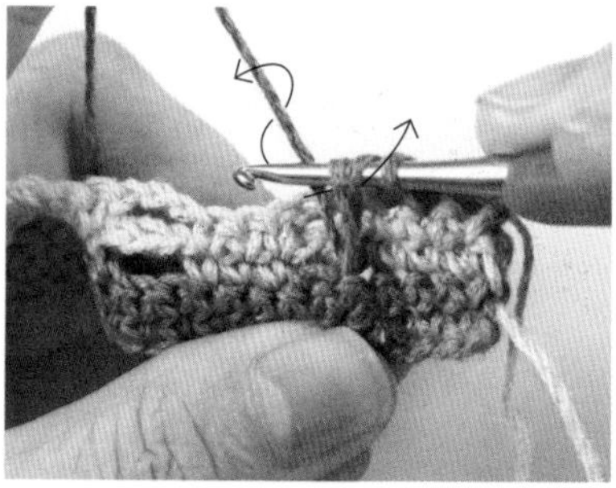

拉出约2个锁针高度的线，针上挂线钩出。

10

再一次针上挂线，一次性钩出，"外钩长针"完成。

11

按照同样的方法再钩2针"外钩长针"。

12

上部

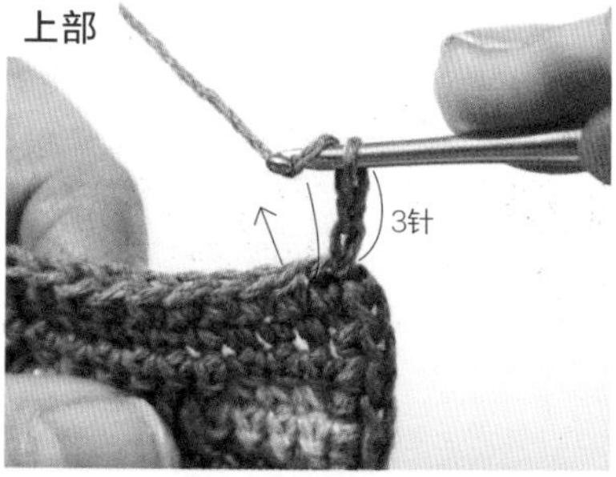

3针

花样钩织50行，四周的边缘钩织完成后，接着钩织上部。钩3锁针作为起立针。

13

挑起内侧半针钩2针未完成的长针，针上挂线，一次性引拔穿过所有线圈。1针"长针2针并1针的梭针"完成。

14

反面

条纹

上部钩织完成后的样子。挑起内侧半针钩织的第1行下方，在反面呈现条纹状。

15

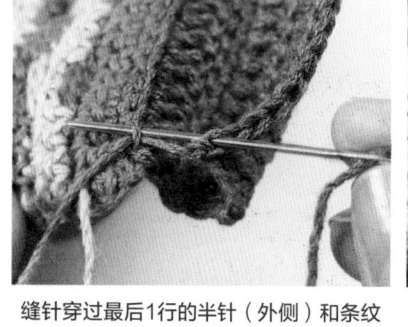

缝针穿过最后1行的半针（外侧）和条纹（半针），用钩织结束处的线进行卷针缝合。边缘的条纹针在穿线后，与边缘的长针一起缝合。

16

第2针之后，依次对应缝合。

17

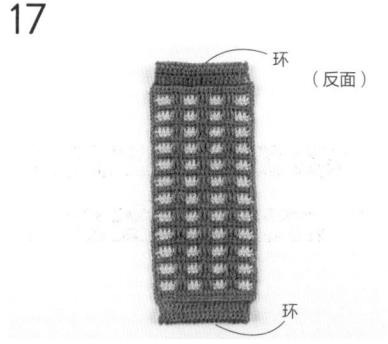

环

（反面）

环

上部呈筒状。另一侧的上部也用同样的方法钩织并缝合。

1

在开始钩织的位置（顶部4针的右边第2针）挂上计数环。

2

拿起新线，在主体和三角织片开始钩织的针脚处入针，挂线钩出。

3

钩出线，完成1针引拔针。

4

钩2针锁针，间隔1针，同时挑起主体和三角织片。

5

挂线，钩引拔针。

6

再钩2针锁针，间隔1针钩引拔针。重复钩完。

1

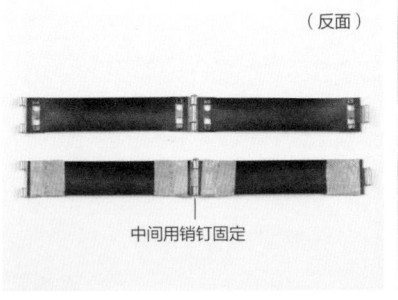

（反面）

中间用销钉固定

准备好弹片口金。为了不让口金刮线，如图下方所示，在口金反面的五金件上贴上胶带。

2

将弹片口金穿过小包上部的圆筒部分，撕下胶带。

3

口金从另一侧穿出，用锤子敲打销钉，将口金固定好。

注意 利用桌子四角等位置，使操作更容易。

步骤

步骤1 从锁针起针开始，
用2色钩织主体

▶①～⑫ [基础钩织2]
花样钩织参照P46

步骤2 开口处的边缘钩织，
安装拉链

▶P25、小饰片参照P44

步骤3 钩织两侧织片的边缘并缝合

▶P48

主体

两侧织片的边缘钩织

安装拉链的位置40针 / 15.5cm

开口处的边缘钩织

四周的边缘钩织

（13针）

（11针）

23cm
（62行）

（11针）

（6针1组花样）重复4次　共24针

（11针）

开始钩织（起40锁针）

（13针）

接○处继续钩织

开口处的边缘钩织

15.5cm
（40针）

占2针※仅中心处

占2针 ※仅中心处

接●处继续钩织

两侧梯形织片 2片
※尺寸8.5cm×4.5cm

两侧织片 间隔1行挑针

挑内侧半针挑针

（两侧）间隔1针挑针

小饰片

留30cm线头用于缝合

挑内侧半针钩织（棱针）

（7针）※预留20cm线头

（11针）

小饰片的缝合方法

20cm的线

（正面）

30cm的线

※缝合方法参照P44

●材料

HAMANAKA Flax K　藏青色（17）36g
象牙色（601）16g
长16cm的拉链1条　手缝线

●工具

钩针4/0号　手缝针　缝合针

●钩织密度

花样钩织　3花样×7花样
（7cm×10.5cm）

●尺寸

8.5cm×17.5cm×4.5cm

花片拼接小包

用5片方形单元花片拼接而成的小包。
掌握了基础的花片钩织后便可尝试挑战，
花片之间使用卷针缝合相连接。
12cm×19cm　制作方法→P52

针法…锁针／短针／长针／条纹针／
枣形针／引拔针
使用线材…羊毛线　3色各1团

连接4片花片完成主体部分，用不同配色的花片作为包盖，
并在包盖上留出扣眼。

P50 花片拼接小包

◉材料
HAMANAKA WANPAKU DENIS
A米黄色（31）27g B茶色（58）8g
C象牙色（2）8g
直径1.8cm的纽扣1颗

◉工具
钩针5/0号 缝合针

◉钩织密度
短针 20.5针（10cm）

◉尺寸
12cm×19cm

步骤1 从环形起针开始
钩织单元花片
▶①～⑥[基础钩织1] 教程

步骤2 "卷针缝合"花片、钩织上部
教程

步骤3 缝上包盖和纽扣

主体卷针缝合的顺序
※使用同款线（A线）

❷
前侧 （90cm）
底部
（55cm） 后侧
❶

▲ = 单元花片钩织结束

在后侧卷针缝合包盖
（A线40cm）
上部2.5cm
（76针×6行）
纽扣

扣眼的钩织方法
※仅需在包盖上钩织

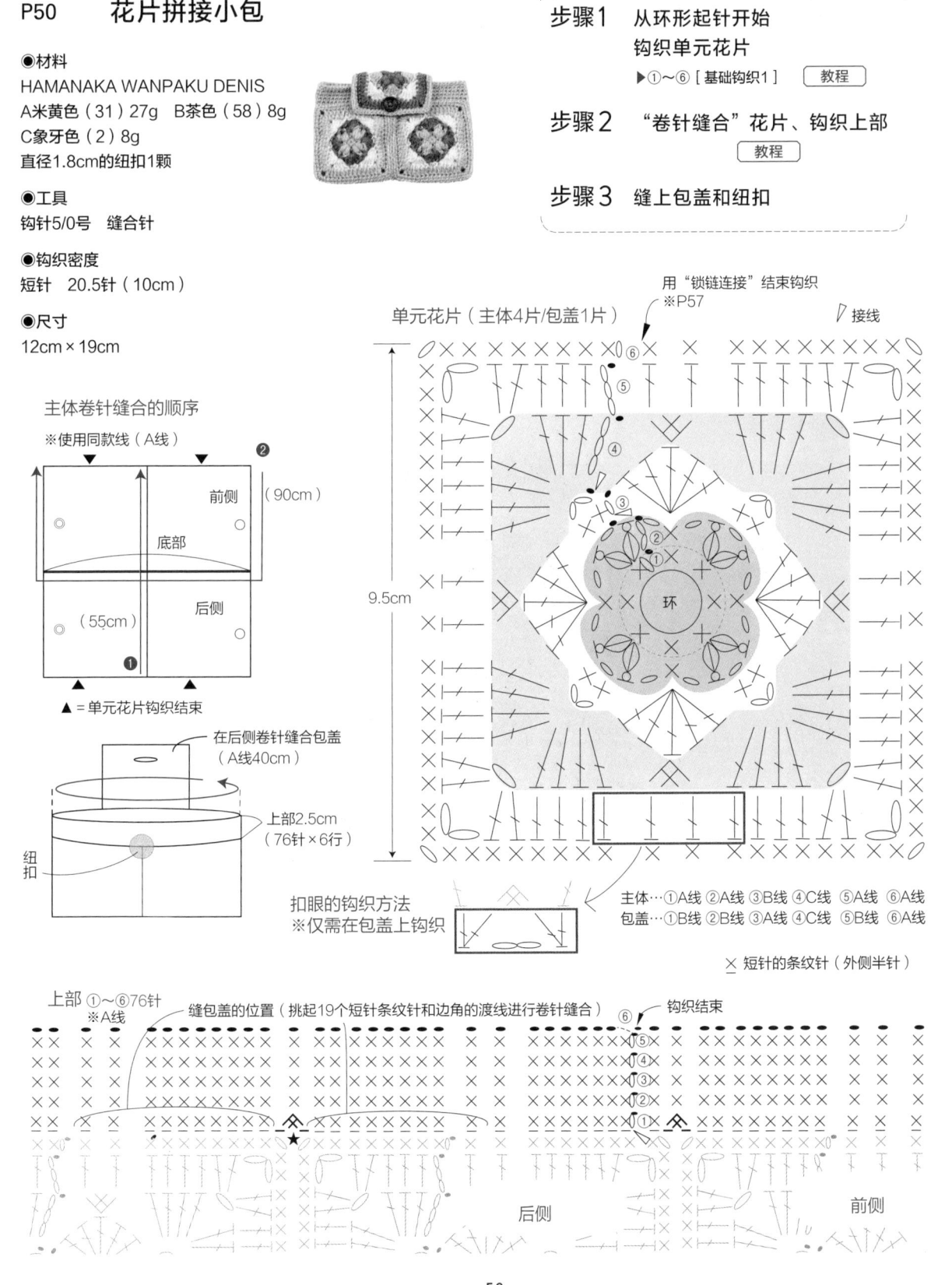

单元花片（主体4片/包盖1片）

用"锁链连接"结束钩织
※P57
▽ 接线

9.5cm

环

主体…①A线 ②A线 ③B线 ④C线 ⑤A线 ⑥A线
包盖…①B线 ②B线 ③A线 ④C线 ⑤B线 ⑥A线

╳ 短针的条纹针（外侧半针）

上部 ①～⑥76针
※A线
缝包盖的位置（挑起19个短针条纹针和边角的渡线进行卷针缝合）
⑥ 钩织结束

后侧 前侧

技巧

换线时，在本行最后的引拔步骤将新线钩出。

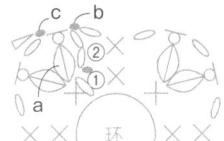

1

第1~2行

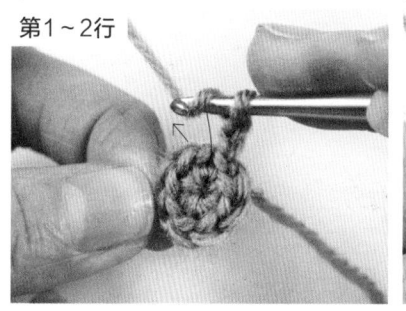

用A线环形起针（▶P13）钩第1行，第2行开始时钩2锁针作为起立针。针上挂线，在前一行第1针入针。※图中为包盖的单元花片

2

挂线钩出的样子。将线拉到2锁针的高度。

3

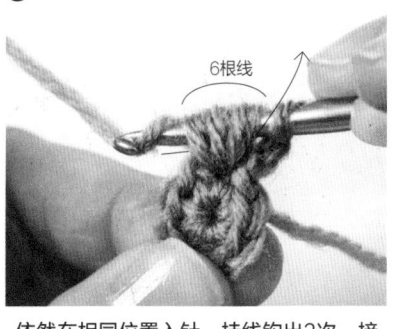

依然在相同位置入针，挂线钩出2次。接着挂线一次性引拔穿过6个线圈。

4

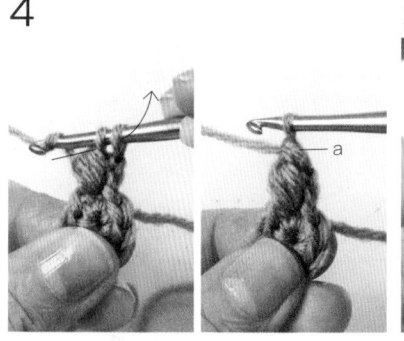

再次挂线钩出（穿过起立针），1针"中长针3针的变形枣形针"（a）完成。

5

在前一行的针脚上，交替钩织1针短针、2针"中长针3针的变形枣形针"，针与针之间均用1针锁针连接。

6

第2行结束时，在第1针"中长针3针的变形枣形针"（a）上入针引拔（b）。

7

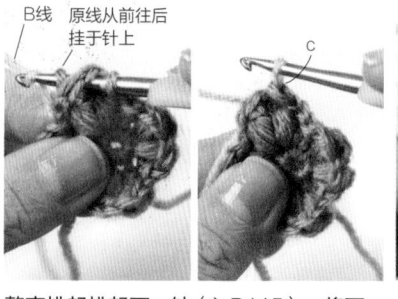

整束挑起挑起下一针（▶P115），将下一行所需的B线引拔钩出。原线暂时不钩。

注意 通过钩引拔针来移动针脚位置，换线的步骤在最后一次引拔时进行。

8

第3行

钩1锁针作为起立针，挑起前一行的锁针（挑束钩织▶P115），钩入1针短针、2针锁针、1针短针。

9

接着在前一行的短针上钩入5针长针。重复步骤8、9。

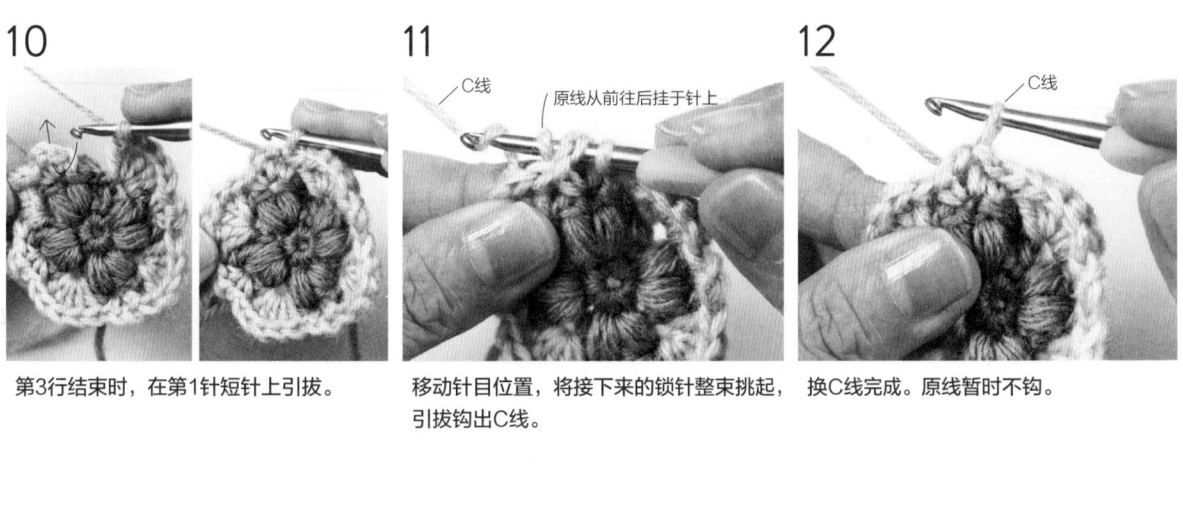

10

第3行结束时，在第1针短针上引拔。

11

C线

原线从前往后挂于针上

移动针目位置，将接下来的锁针整束挑起，引拔钩出C线。

12

C线

换C线完成。原线暂时不钩。

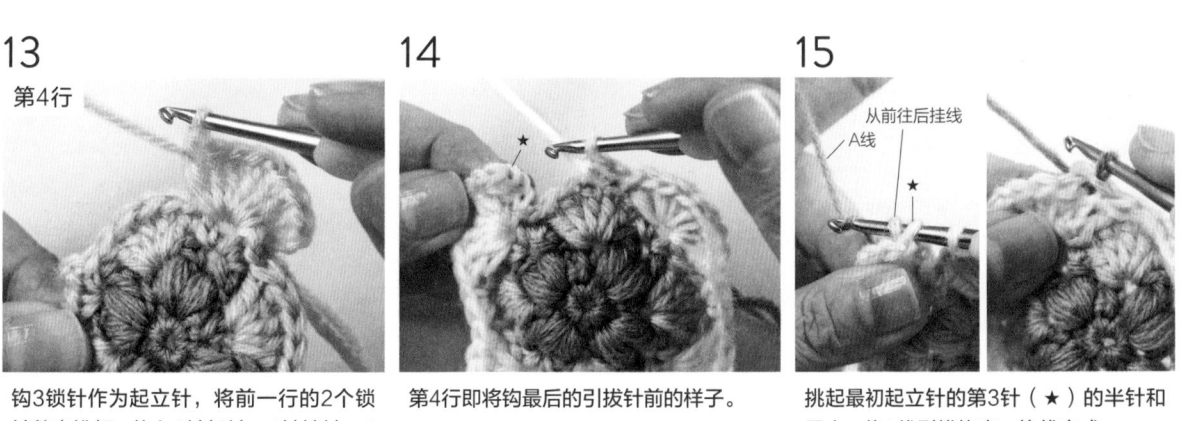

13

第4行

钩3锁针作为起立针，将前一行的2个锁针整束挑起，钩入3针长针、1针锁针、4针长针。

14

★

第4行即将钩最后的引拔针前的样子。

15

从前往后挂线

A线

★

挑起最初起立针的第3针（★）的半针和里山，将A线引拔钩出，换线完成。

16

扣眼

在包盖花片的第5行钩入扣眼。钩1针"长针2针并1针"、2针锁针、1针"长针2针并1针"。

17

最后留15cm左右线头，用"锁链连接"的方法收好线头。▶P57

18

用蒸汽熨斗整烫反面，调整花片的形状和大小。

注意　将花片置于方格纸上，调节至所需大小后用固定针固定。

1

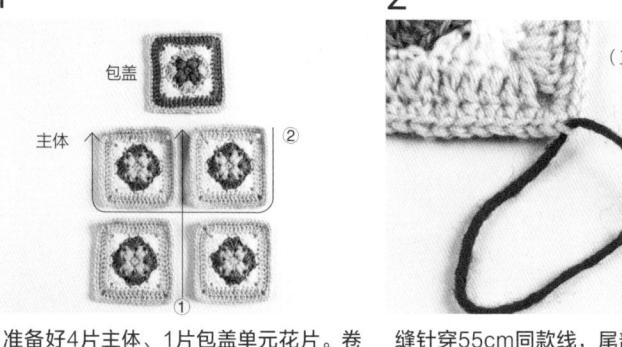

准备好4片主体、1片包盖单元花片。卷针缝合4片主体花片。

2

（正面）

缝针穿55cm同款线，尾部留15cm的线头，穿过正面朝上的花片边角外侧半针。

3

穿过另一花片的边角外侧半针进行缝合。

4

接着同时穿过第2针的外侧半针，拉出线。

5

按照同样的方法依次对应穿过每个针目的半针，直至边角（1条边20针）。

6

将另外2片花片置于上方排列好，依然同时穿过边角的外侧半针。

7

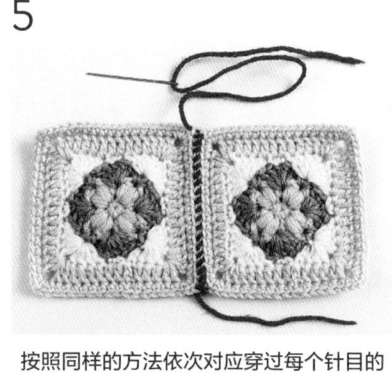

穿过线的样子。4片花片连接在了一起。

8

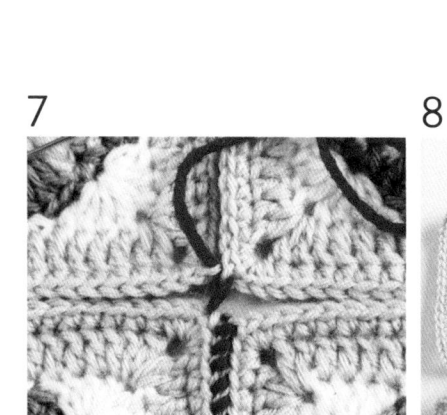

接着依次对应穿过每针的半针，直至边角。

9

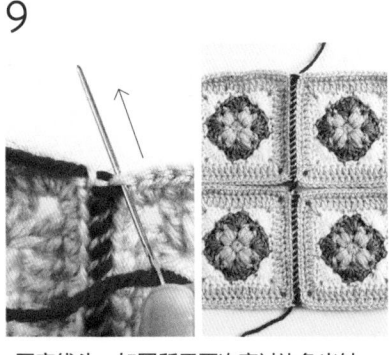

固定线头。如图所示再次穿过边角半针，将线头带到反面。

10

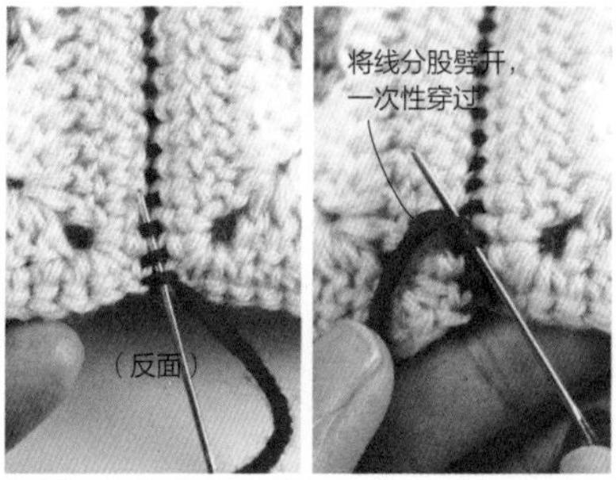

将线分股劈开，
一次性穿过

（反面）

收线头。翻转织片，缝针穿过卷针缝合的
若干线圈，倒回一针再次穿过。将线分股
劈开穿过，牢牢固定住线头（回针固定）。

11

拉线，再次穿过若干线圈，藏线。

12

多余部分剪断。

13

前侧

后侧

卷针缝合侧面和底部。缝针穿90cm同款
线，穿过后侧边角的外侧半针。

14

依次对应穿过每针的半针，直至底部4片
花片的连接点。

15

穿过前2片花片边角的对应半针。

16

接着缝合另2片花片的对应半针。

17

穿过线的样子。连接了边角并渡线到了另
2片织片上。接着继续卷针缝合至另一个
侧边。收好线头。

18

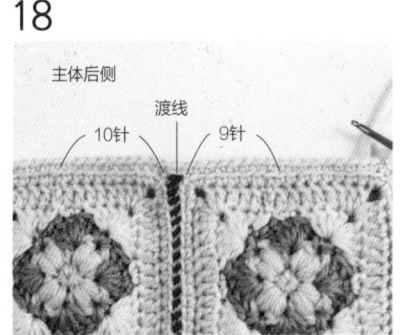

主体后侧

渡线

10针   9针

挑起主体后侧的条纹针部分（半针和渡
线）与包盖底边的外侧半针，将包盖卷针
缝合。

其他处理线头的方法/接线的方法

根据钩织方法的不同，线头也有不同的处理顺序和方式。
完成后的效果会有所差异，让我们记住这些方法吧。

单元花片钩织…锁链连接

1

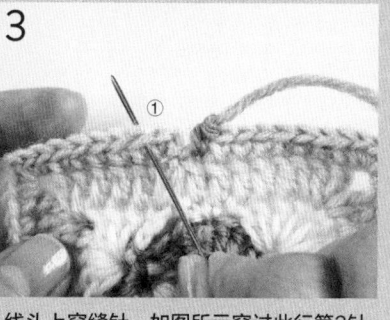

钩织到最后一针时的样子。无需在此行第1针上引拔，拉出约15cm的线头剪断。

约15cm

2

3

线头上穿缝针，如图所示穿过此行第2针顶部的2根锁针线（①）。

4

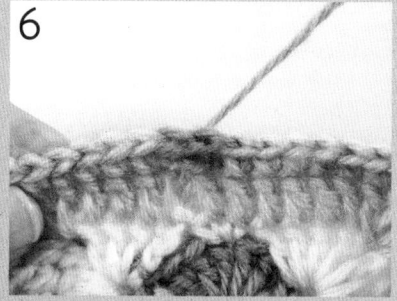

②

接着如图所示穿过最后一针的外侧半针（②）。

5

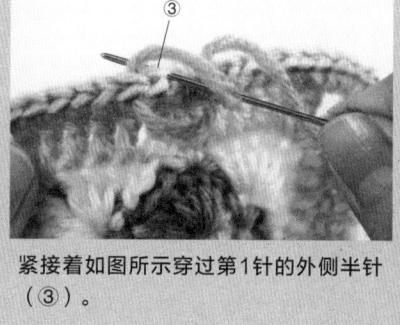

③

紧接着如图所示穿过第1针的外侧半针（③）。

6

钩织开始和结束的针就连接在了一起。在织片的反面藏好线头。完成后的边缘整洁美观，此方法适用于单元花片的钩织等。

镂空花样…接线方法

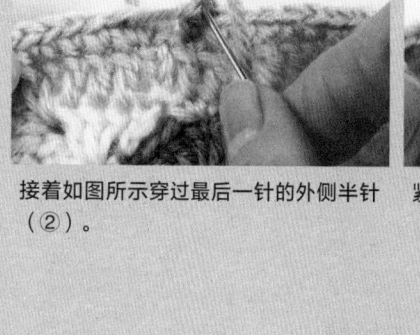

接线

织片的花样呈镂空状，需整束挑起钩织的情况下的接线方法。

1

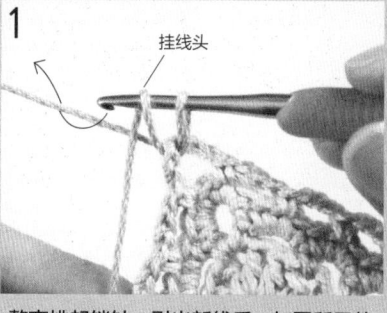

挂线头

整束挑起锁针，引出新线后，如图所示从前往后在针上挂线头。接着挂线一次性引拔钩出。

2

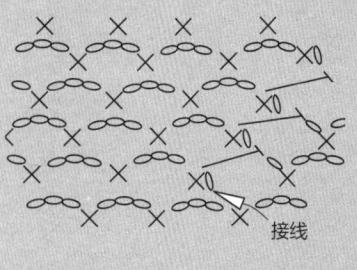

锁针起立针完成后的样子。如此便将新线牢固地接上了。

立体花朵迷你口金包

身材小巧却有超强存在感的立体花朵口金包，
用来放零钱、首饰、钥匙都非常地合适。
直径7cm　制作方法→P60

针法…锁针／短针／长针／
条纹针／内钩短针／引拔针
使用线材…羊毛线　2色各1团

58

立体钩织花朵的方式，提升了小包的饱满度。
将2片花片卷针缝合完成。

在口金上装上链条，
便可作为包袋的挂饰。
挂钩链条挂饰
（HAMANAKA H231-009-2）

立体花朵迷你口金包

步骤1 **从环形起针开始**
钩织立体花朵 [教程]

▶①～⑯[基础钩织1]，用手缝线在中心缝上珠子。

步骤2 **卷针缝合前后片**

▶将底部25针的半针依次对应缝合
卷针缝合的方法参照P25

步骤3 **缝合口金**

▶P31

◉材料
HAMANAKA KORPOKKUR
红色款／A红色（7）14g B象牙色（1）1g
紫色款／A紫色（9）14g B象牙色（1）1g
内径5.2cm的口金（23孔）
（HAMANAKA H207-005-4）各1个
圆形珠子各3颗 手缝线适量

◉工具
钩针4/0号 缝合针 手缝针

◉尺寸 直径7cm

立体花朵
（前后各1片）

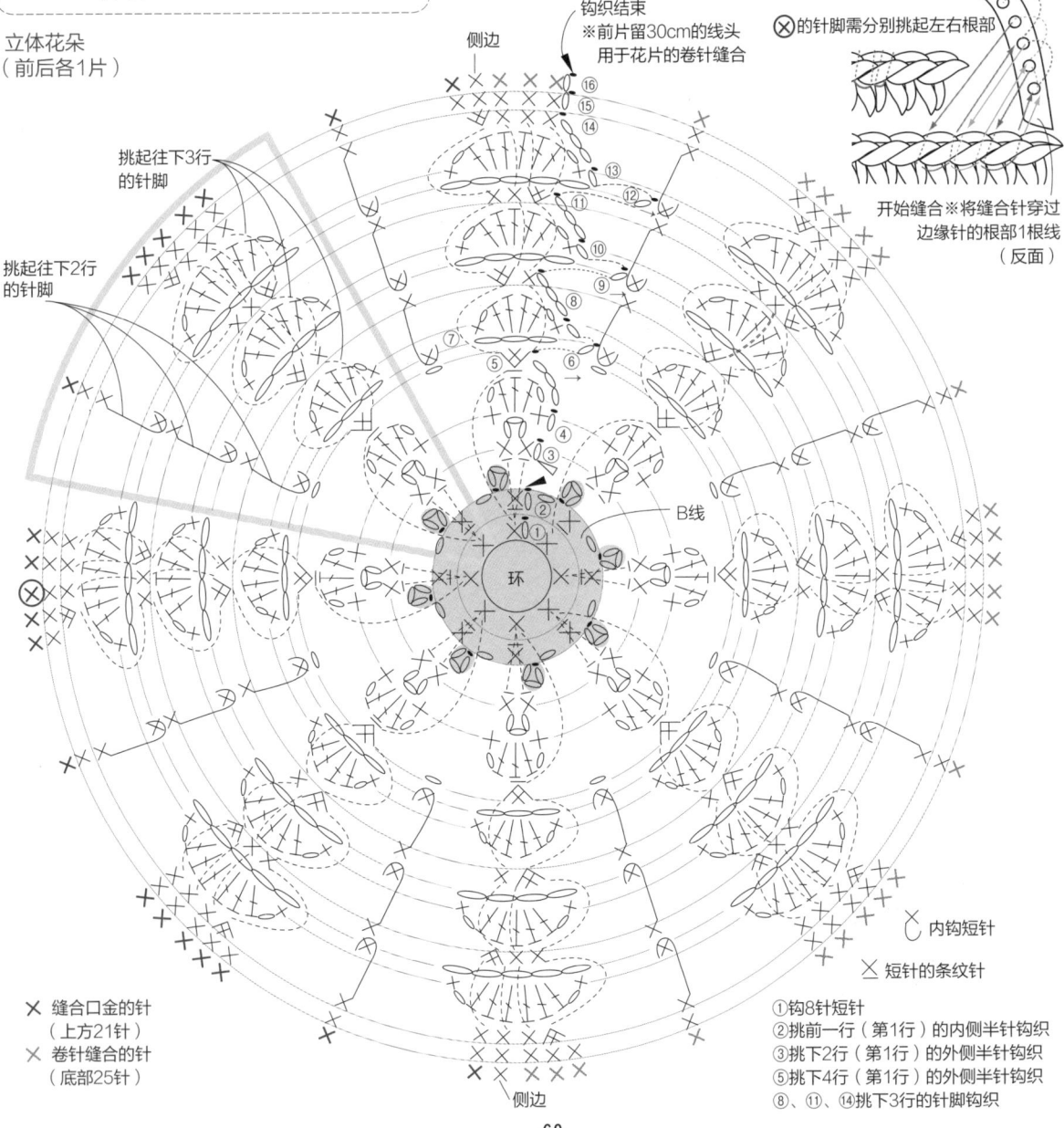

缝合口金的方法

⊗的针脚需分别挑起左右根部

开始缝合※将缝合针穿过
边缘针的根部1根线
（反面）

钩织结束
※前片留30cm的线头
用于花片的卷针缝合

挑起往下3行
的针脚

挑起往下2行
的针脚

侧边

B线

环

侧边

◞ 内钩短针

× 短针的条纹针

× 缝合口金的针
（上方21针）

× 卷针缝合的针
（底部25针）

①钩8针短针
②挑前一行（第1行）的内侧半针钩织
③挑下2行（第1行）的外侧半针钩织
⑤挑下4行（第1行）的外侧半针钩织
⑧、⑪、⑭挑下3行的针脚钩织

步骤1　从环形起针开始钩织立体花朵

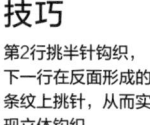

1

第1~2行

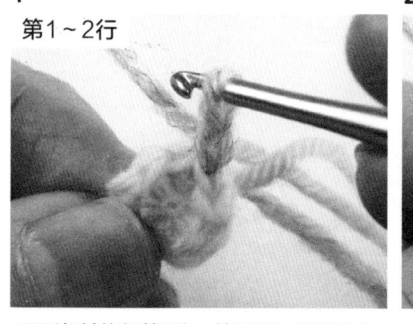

环形起针钩织第1行，第2行钩1锁针作为起立针。

2

半针

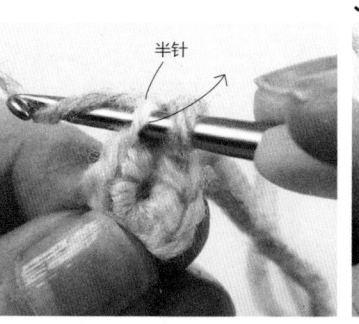

挑起前一行第1针的内侧半针，挂线钩出。

3

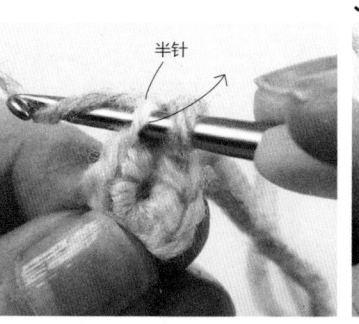

再次针上挂线，一次性钩出。1针"短针的条纹针"（A）完成。

4

3针
A

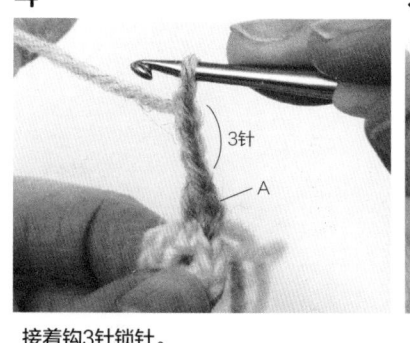

接着钩3针锁针。

5

② ①

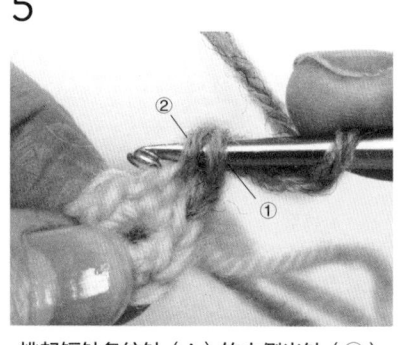

挑起短针条纹针（A）的内侧半针（①）和根部左侧的1根线（②），挂线钩出。

6

B

"锁针3针的狗牙拉针"（B）完成，接着钩1针锁针过渡。重复步骤2~6，将第2行钩完。

7

（反面）
条纹（半针）

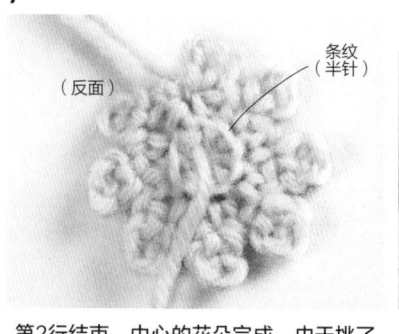

第2行结束，中心的花朵完成。由于挑了第1行的内侧半针钩织，留下的外侧半针在反面呈现条纹状。此处留线15cm后剪断。

8

第3行

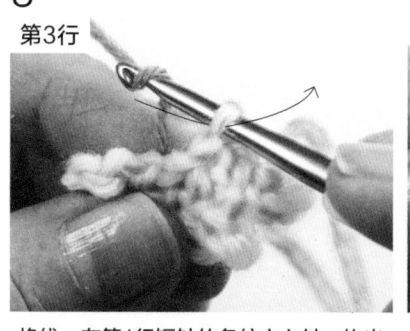

换线。在第1行短针的条纹上入针，钩出新线。

注意　无需在前一行结束时换线，在本行开始钩织时换线即可。

9

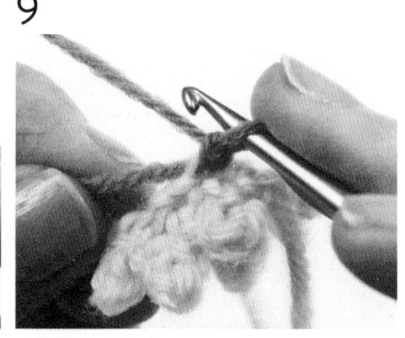

钩1锁针作为起立针。

10

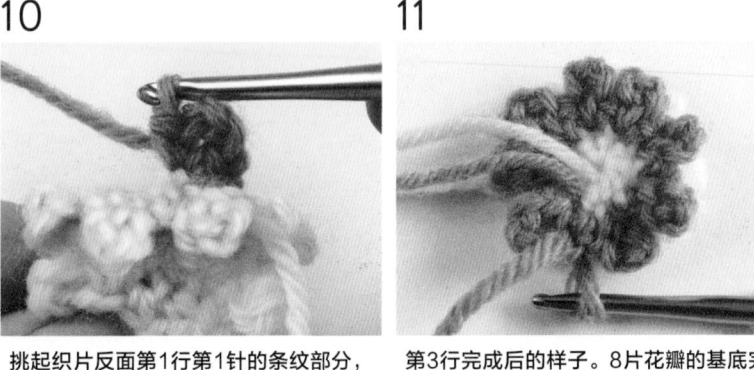

挑起织片反面第1行第1针的条纹部分，
钩入1针短针、3针锁针、1针短针，制
作花瓣基底。重复此步骤。

11

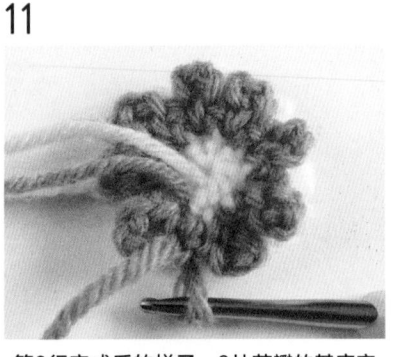

第3行完成后的样子。8片花瓣的基底完
成，在第1针上引拔结束。

12

第4～5行

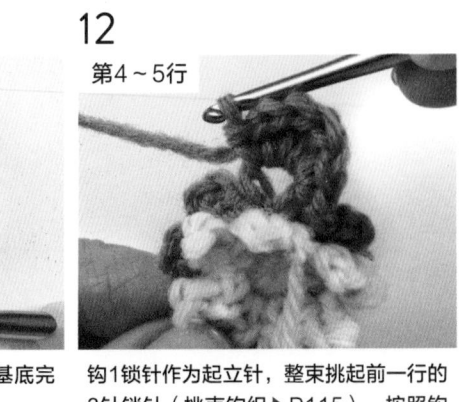

钩1锁针作为起立针，整束挑起前一行的
3针锁针（挑束钩织▶P115），按照钩
织图钩入花样，完成第1片花瓣。

13

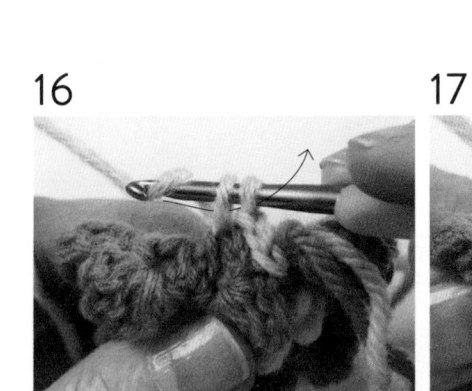

钩织8片花瓣（第2层），第4行结束时，
在第1针短针上引拔。第5行钩3锁针作为
起立针。

14

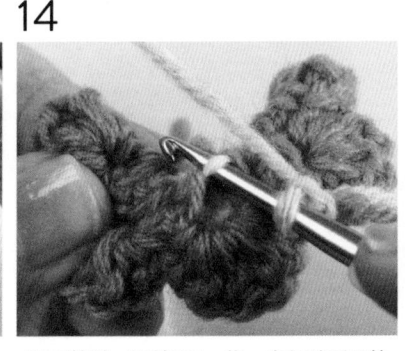

翻下花瓣，和第3行一样，在织片反面第
1行第1针的条纹部分入针。

15

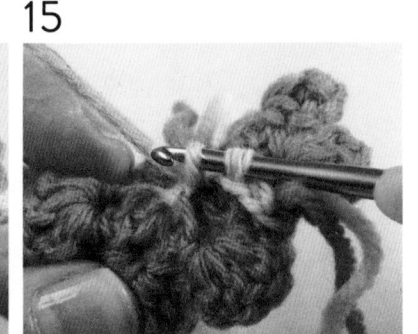

挂线钩出后的样子。

16

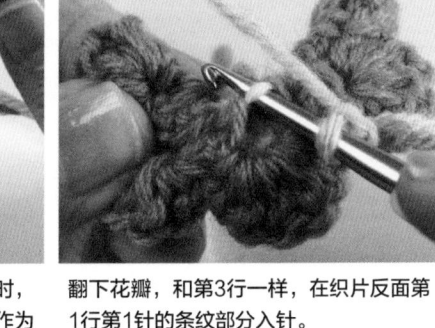

针上挂线，一次性钩出。1针"短针的条
纹针"完成。

17

2针

挑起步骤16的同一针，再次钩入1针"短
针的条纹针"，共2针。接着钩1针锁针。

18

（反面）

重复步骤15～17，在第1行短针的条纹
部分依次钩入2针。在第1针上引拔结束。

19

第6行

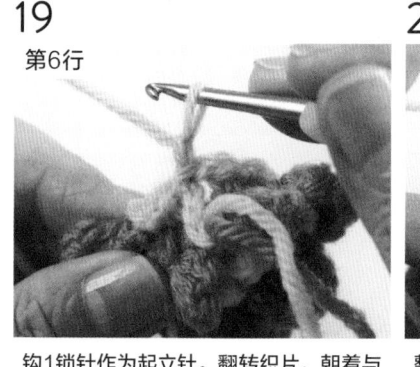

钩1锁针作为起立针。翻转织片，朝着与前一行相反的方向钩织。

注意　朝反方向钩织，可使每层花瓣排列整齐。

20

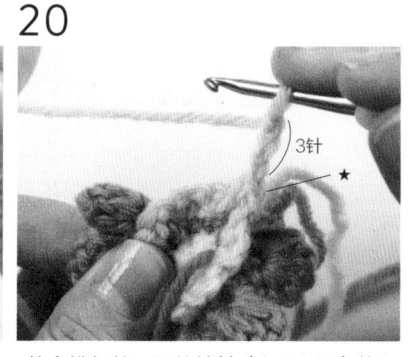

整束挑起前一行的锁针（▶P115）钩1针短针（★）。接着钩3针锁针。

21

交替钩织1针短针与3针锁针。最后挑起起立针的半针和里山钩引拔针，结束本行。

22

第7行

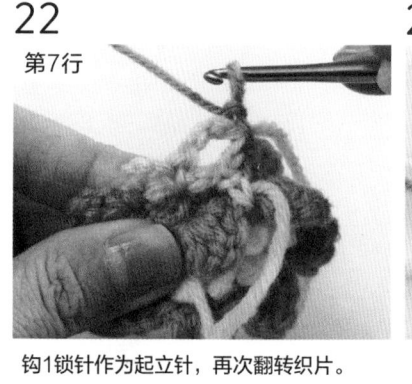

钩1锁针作为起立针，再次翻转织片。

23

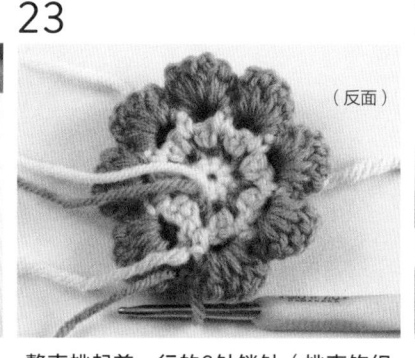

整束挑起前一行的3针锁针（挑束钩织▶P115），钩织8片花瓣（第3层）。最后在第1针短针上引拔结束。

24

第8行

钩3锁针作为起立针。

25

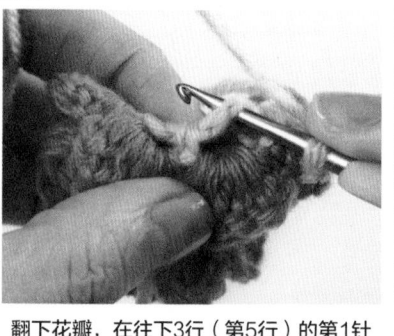

翻下花瓣，在往下3行（第5行）的第1针短针上入针。

26

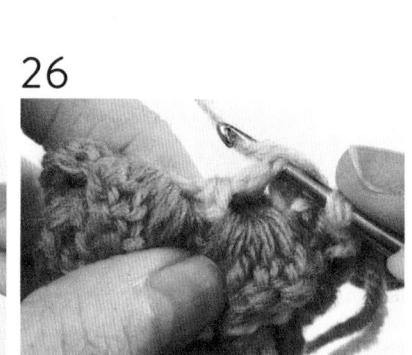

针上挂线钩出，钩1针短针。

27

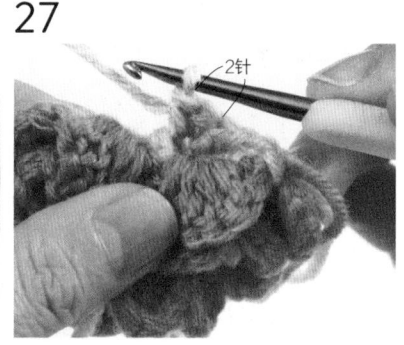

接着在往下3行（第5行）的第2个短针上入针，钩入2个短针。

28

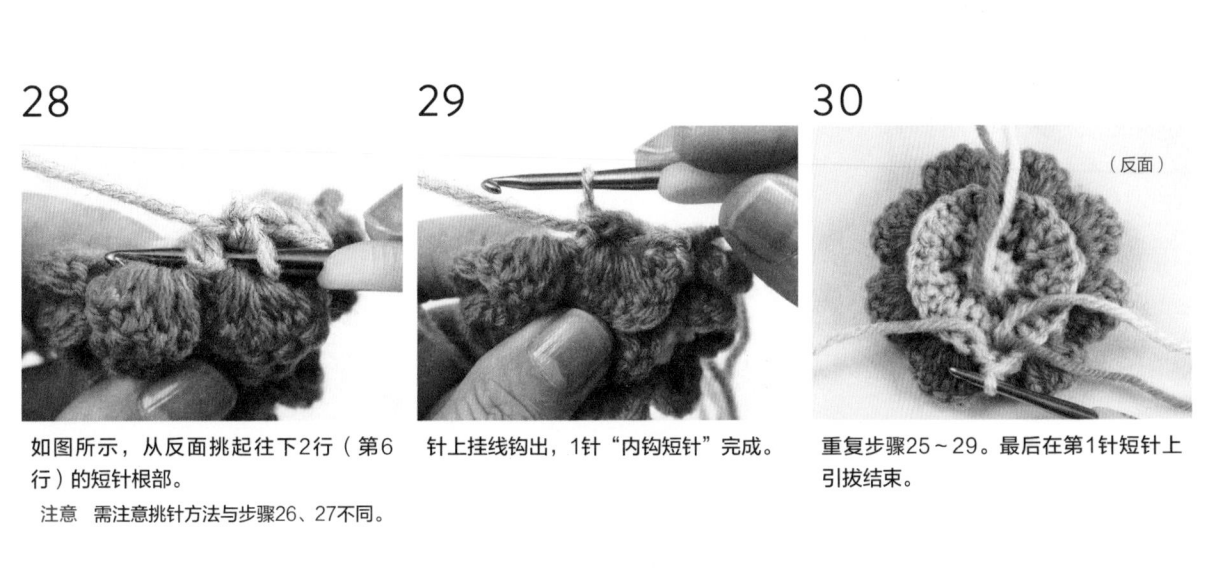

如图所示，从反面挑起往下2行（第6行）的短针根部。

注意　需注意挑针方法与步骤26、27不同。

29

针上挂线钩出，1针"内钩短针"完成。

30

（反面）

重复步骤25～29。最后在第1针短针上引拔结束。

31

第9行

4针
短针

钩1锁针作为起立针。翻转织片，朝反方向钩织1针短针、4针锁针。

32

接着在前一行的内钩短针上钩入1个短针。

33

（反面）

交替钩织1针短针和4针锁针，最后在第1针短针上引拔结束。按照7～9行相同的方法，钩织到第14行。

34

在15～16行分别钩织48针短针，完成立体的花朵。将正面的线头穿入缝针，仔细地穿到反面，尽量不要在正面留下痕迹。

35

（反面）

在反面出针，并在织片反面藏好线头。

36

（正面）

正面的样子。前片留30cm的线头，缝合好口金之后，将前后片底部短针的外侧半针依次对应卷针缝合。

作品用线一览

根据使用针线的不同，相同的钩织方法钩出的织物大小也会有所差异。
实际操作时务必注意。

※线材均来自HAMANAKA品牌

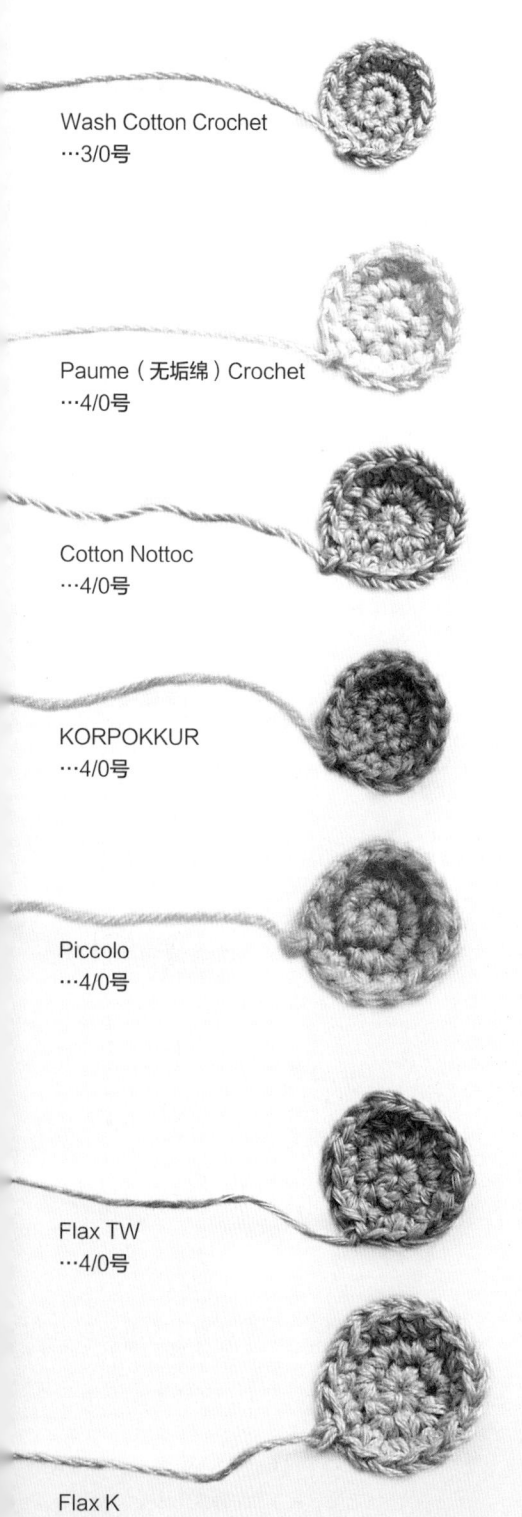

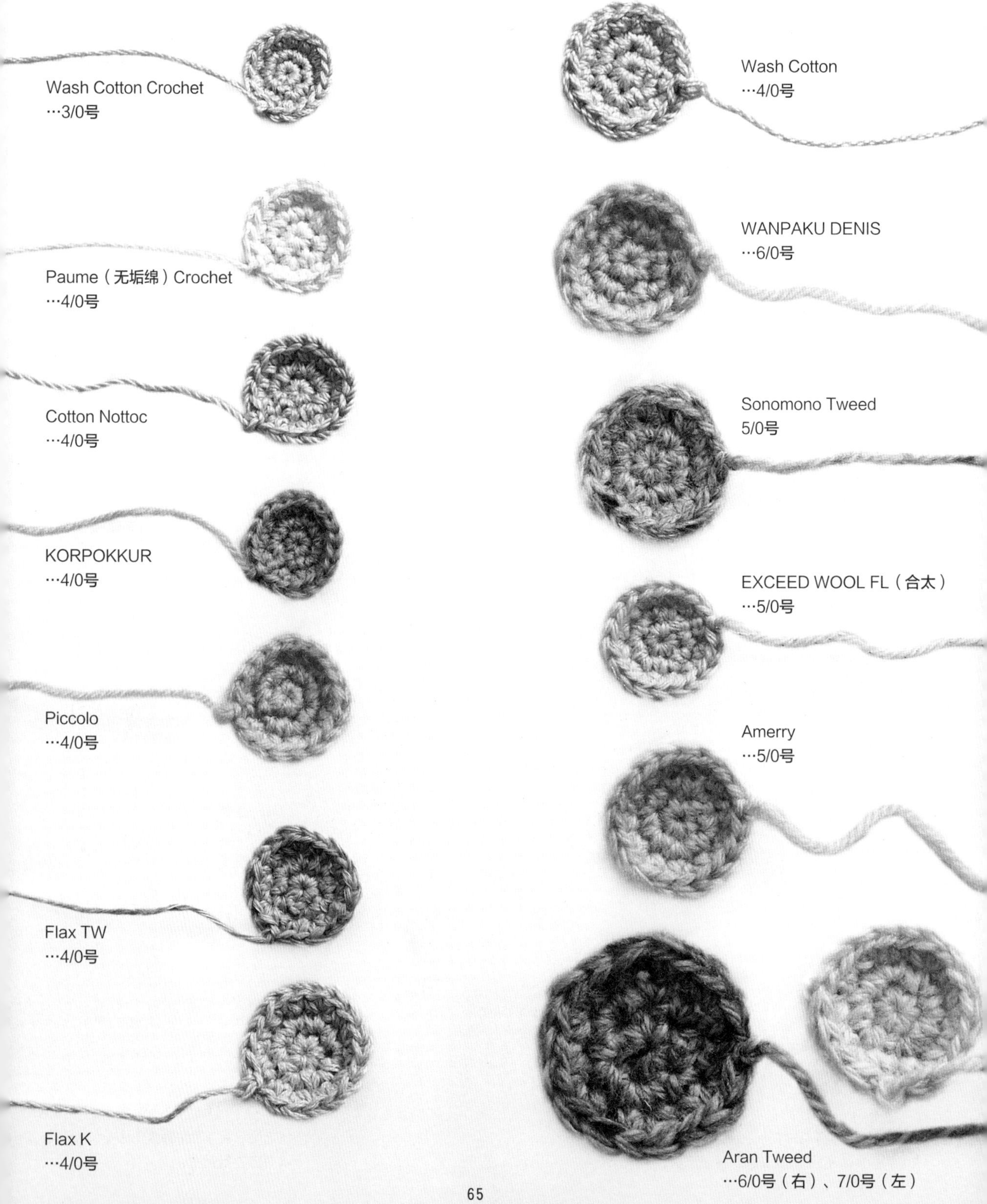

Wash Cotton Crochet
…3/0号

Paume（无垢绵）Crochet
…4/0号

Cotton Nottoc
…4/0号

KORPOKKUR
…4/0号

Piccolo
…4/0号

Flax TW
…4/0号

Flax K
…4/0号

Wash Cotton
…4/0号

WANPAKU DENIS
…6/0号

Sonomono Tweed
5/0号

EXCEED WOOL FL（合太）
…5/0号

Amerry
…5/0号

Aran Tweed
…6/0号（右）、7/0号（左）

大丽菊褶边小包

层层叠叠的花瓣使小包呈现出大朵大丽菊的模样。
米色款的小包使用了加入金银丝的羊毛线，彰显华丽韵味。
高12cm（粉色款）　高13.5cm（米色款）
制作方法→P68

针法…锁针／短针／长针／引拔针
使用线材…羊毛线各1团

66

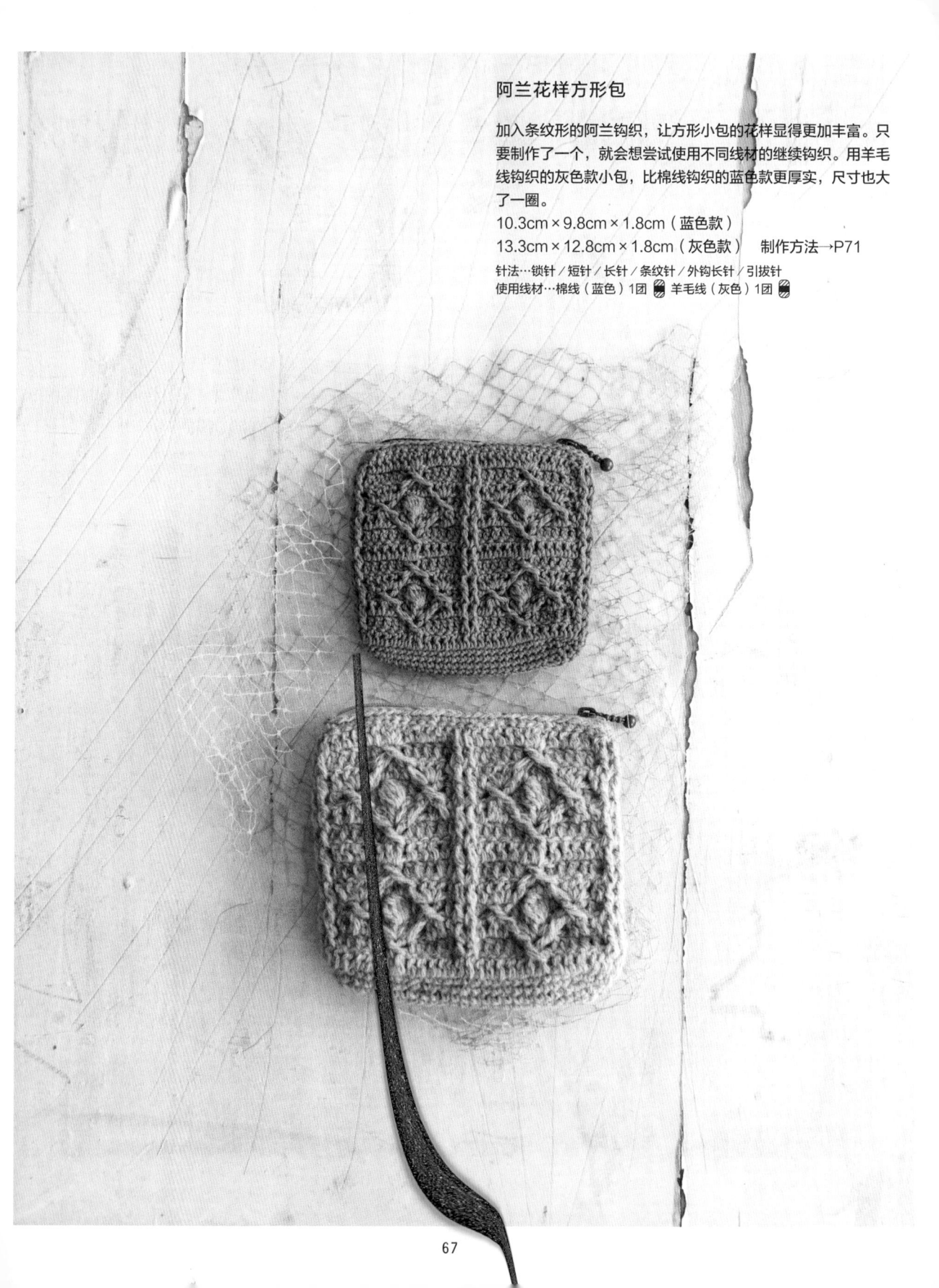

阿兰花样方形包

加入条纹形的阿兰钩织，让方形小包的花样显得更加丰富。只要制作了一个，就会想尝试使用不同线材的继续钩织。用羊毛线钩织的灰色款小包，比棉线钩织的蓝色款更厚实，尺寸也大了一圈。

10.3cm×9.8cm×1.8cm（蓝色款）

13.3cm×12.8cm×1.8cm（灰色款）　制作方法→P71

针法…锁针／短针／长针／条纹针／外钩长针／引拔针

使用线材…棉线（蓝色）1团 █ 羊毛线（灰色）1团 █

　大丽菊褶边小包

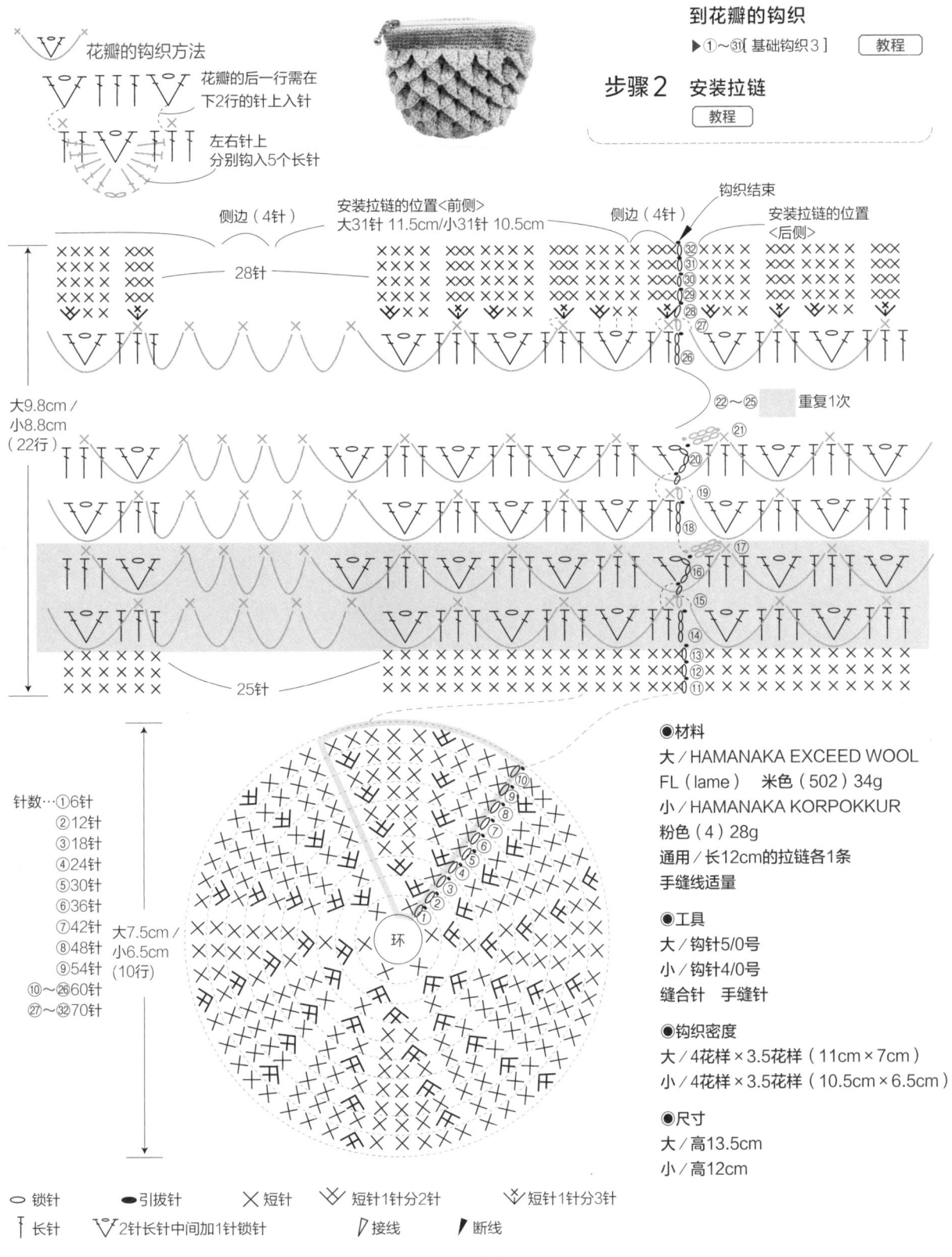

花瓣的钩织方法

花瓣的后一行需在下2行的针上入针

左右针上分别钩入5个长针

步骤1　从环形起针开始到花瓣的钩织

▶①～㉛[基础钩织3]　教程

步骤2　安装拉链

教程

侧边（4针）

安装拉链的位置＜前侧＞
大31针 11.5cm／小31针 10.5cm

侧边（4针）

钩织结束

安装拉链的位置
＜后侧＞

28针

大9.8cm／小8.8cm（22行）

㉒～㉕　重复1次

25针

针数…①6针
②12针
③18针
④24针
⑤30针
⑥36针
⑦42针
⑧48针
⑨54针
⑩～㉖60针
㉗～㉜70针

大7.5cm／小6.5cm（10行）

环

●材料
大／HAMANAKA EXCEED WOOL
FL（lame）　米色（502）34g
小／HAMANAKA KORPOKKUR
粉色（4）28g
通用／长12cm的拉链各1条
手缝线适量

●工具
大／钩针5/0号
小／钩针4/0号
缝合针　手缝针

●钩织密度
大／4花样×3.5花样（11cm×7cm）
小／4花样×3.5花样（10.5cm×6.5cm）

●尺寸
大／高13.5cm
小／高12cm

◯ 锁针　● 引拔针　✕ 短针　╲/ 短针1针分2针　Ⅴ 短针1针分3针
Ⅰ 长针　Ⅴ 2针长针中间加1针锁针　╱ 接线　▶ 断线

1

第15行

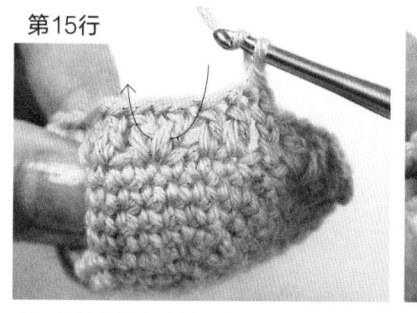

钩1锁针作为起立针，在前一行的第2针长针（第1针为3锁针的起立针）上钩1针短针。针上挂线，挑起前一行第4针长针根部。

2

整束挑起长针根部后的样子（挑束钩织 ▶P115）。

3

针上挂线，拉出3锁针的高度，钩1针长针。

4

在同一个长针根部上继续钩4针长针，接着钩2针锁针。

5

针上挂线，挑起下一个长针。

6

整束挑起长针根部后的样子（挑束钩织 ▶P115）。

7

在步骤6的长针根部钩入5针长针。1片花瓣（1花样）完成。

8

在下下个长针顶部入针，钩1针短针。

9

最后在本行的第1针短针上引拔结束。之后几行按照同样的方法，间隔1行钩1层花瓣。

1

在织片需要装拉链位置（31针）的相邻针脚上挂好计数环做记号。

2

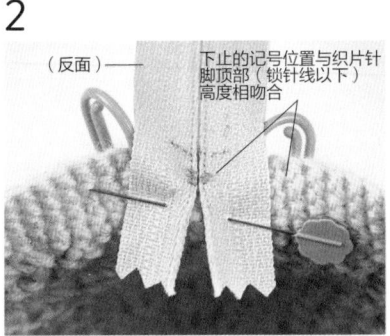

（反面）

下止的记号位置与织片针脚顶部（锁针线以下）高度相吻合

将拉链的正面与织片内侧的记号位置相对，用固定针固定。▶大款在拉链11.5cm的位置做记号，小款在10.5cm的位置做记号。

3

缝针穿线打结。如图所示穿过计数环相邻的针（反面），并在打结一侧形成的线圈里穿出固定好。▶打结的方法参照P31

4

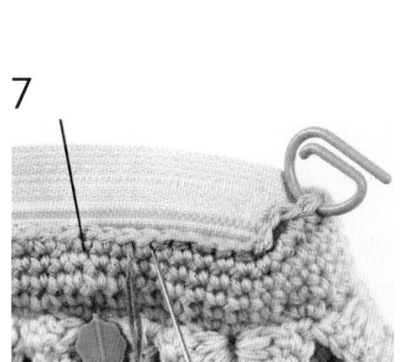

接着在拉链上入针。

5

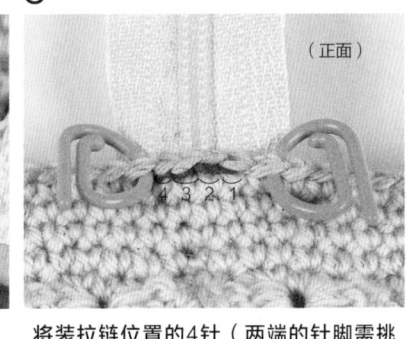

（正面）

4 3 2 1

将装拉链位置的4针（两端的针脚需挑起根部的1根线）回针缝合，打结断线。▶打结断线的方法参照P32

6

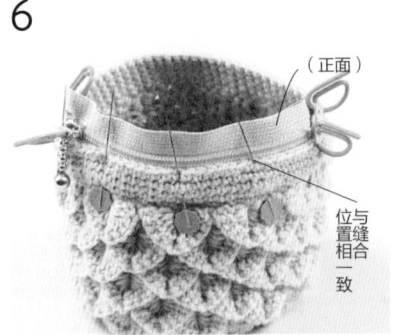

（正面）

位置缝相合一致

拉链与小包内侧重叠，穿入固定针。

注意　拉链布带（距离链牙0.7cm处）和每针顶部（锁针线下方）对齐。

7

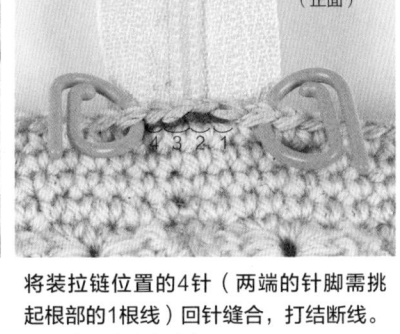

穿线，在每针顶部（锁针线下方）用回针缝的方法进行缝合。▶缝合方法参照P16

8

（反面）

缝至拉链上止位置，打结断线。另一侧也用同样的方法进行缝合。

9

翻折下止位置的多余部分并缝合固定，注意不要在正面露出缝合针脚。

◎材料
大／HAMANAKA Sonomono Tweed
灰色（74）32g
长16cm的拉链1条
小／HAMANAKA Cotton Nottoc　蓝色（5）19g
长12cm的拉链1条
通用／手缝线适量

◎工具
大／钩针5/0号　小／钩针4/0号
缝合针　手缝针

◎钩织密度
花样编织
大／1花样15针×6行（6.75cm×5.5cm）
小／1花样15针×6行（5.25cm×4.4cm）

◎尺寸
大／13.3cm×12.8cm×3cm
小／10.3cm×9.8cm×1.8cm

步骤1　从锁针起针开始到椭圆底部
　　　　的钩织　　教程
　　　▶主体①～⑱
　　　看着织片反面进行钩织的时候，
　　　需钩内钩长针

步骤2　钩织阿兰花样　　教程

步骤3　安装拉链
　　　▶安装拉链的方法参照P70

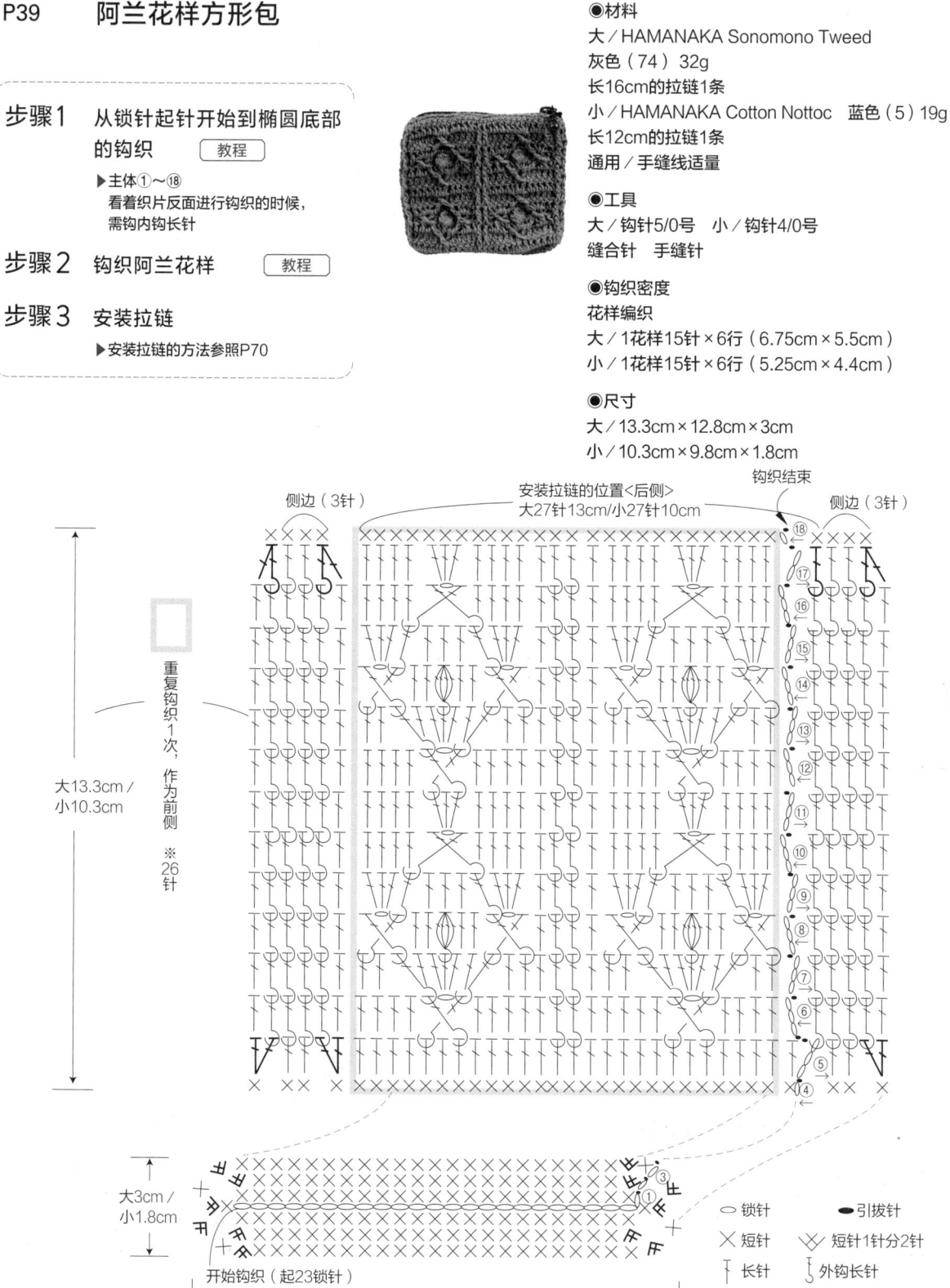

侧边（3针）
安装拉链的位置＜后侧＞
大27针13cm/小27针10cm
钩织结束
侧边（3针）

重复钩织1次，作为前侧　※26针

大13.3cm／小10.3cm

大3cm／小1.8cm

开始钩织（起23锁针）

大12.8cm／小9.8cm

针数…①48针 ②54针 ③、④60针 ⑤～⑯64针 ⑰、⑱60针

○ 锁针　　● 引拔针
× 短针　　Ⅴ 短针1针分2针
┃ 长针　　外钩长针
外钩长针4针的枣形针
外钩长针的变形交叉针

71

1

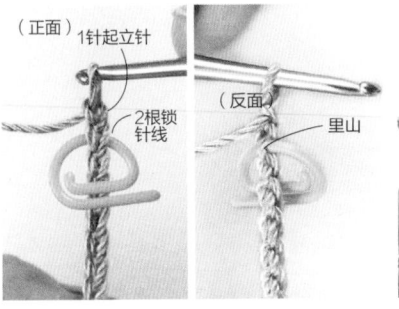

起23针锁针，再钩1针锁针作为起立针，在起针的一端（第23针）上挂计数环做标记。

2

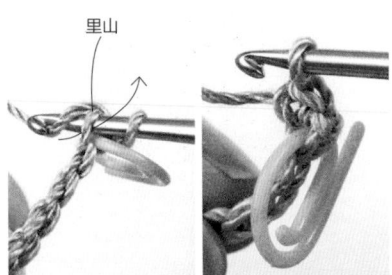

在标记针的里山上入针，钩1针短针。

3

继续挑起里山钩织到另一端，一共24针短针。

注意　为了使织片呈现圆弧状，在边缘针上（★）钩入2针短针。

4

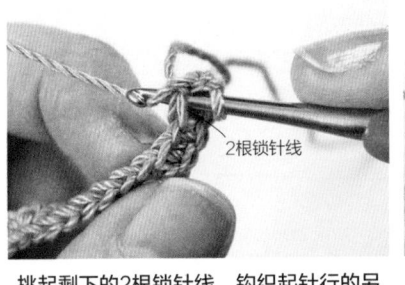

挑起剩下的2根锁针线，钩织起针行的另一侧。

5

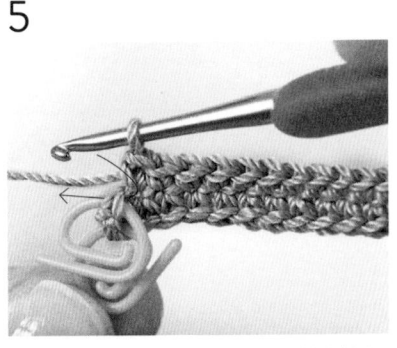

钩织到计数环的前一针。在边缘针上钩入2针短针。

6

最后在第1针上引拔结束，小包底部的椭圆形状就钩织出来了。

1

第6针开始钩织"外钩长针的变形交叉针"。针上挂线，挑起从前一行相对针脚往后数第3针的长针根部，挂线钩出。

2

再次挂线钩出2次，外钩长针1针完成。接着钩1针锁针，挑起上上个长针的根部。

3

挂线钩出，钩1针外钩长针。交叉花样完成。

4

第7行

由于是往返钩织，每一行都朝着前一行的相反方向钩织。钩3锁针作为起立针，按照箭头所示方向翻转180°，改变钩织方向。

5

钩织第1针"内钩长针"（在反面钩织的时候，需钩内钩长针）。针上挂线，挑起前一行最后1针的根部，钩1针长针。

6

1针"内钩长针"完成后的样子。用相同的方法再钩3针。

7

钩到前一行交叉花样前的样子。针上挂线，挑起往后第3针的交叉针根部。

8

挑起长针根部，钩了1针"内钩长针"后的样子。

9

钩5针长针，其中3针挑起前一行的锁针钩织（挑束钩织▶P115）。接着与步骤7的方法相同，在接下来的交叉针上钩1针"内钩长针"。

10

第8行

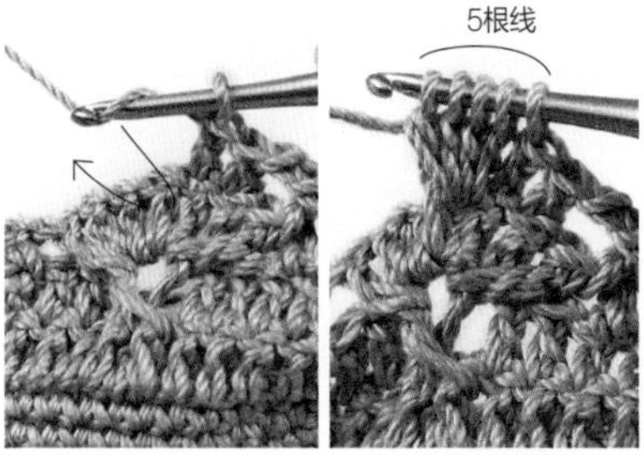

5根线

钩1组交叉花样，2针长针，接着挑起前一行针的根部，以外钩长针的方式钩"长针4针的枣形针"。

11

针上挂线，一次性引拔穿过所有线圈，1针"外钩长针4针的枣形针"完成。接着钩2针长针，1组交叉花样。

12

第9行开始

按照第6、7行同样的要领，钩织至第11行。1组完整的交叉花样完成。

叠针扁平口金包

用花朵般花样的织片缝合而成的口金包。
叠针的钩织方式使小包既有厚度又极具美感。弹性的触
感，拿在手中非常舒适。
直径10cm　制作方法→P76

针法…锁针／短针／长针／枣形针／引拔针
长针3针的枣形针
使用线材…羊毛线　1团 🔲

叠针球形口金包

使用叠针钩织的萌萌球形口金包。
装饰小球也使用了与主体相同的钩织方法，更显可爱。

直径8.5cm　制作方法→P77

针法…锁针／短针／枣形针／引拔针
使用线材…羊毛线　各1团

叠针扁平口金包

●材料
HAMANAKA Amerry
洋红色（32）21g
内径6.8cm的口金
（HAMANAKA H207-008）1个
手缝线适量

●工具　钩针5/0号　缝合针　手缝针

●钩织密度　叠针钩织7.5花样（10cm）

●尺寸　直径10cm

步骤1　从环形起针开始钩织叠针

▶①～⑤［基础钩织1］　教程

步骤2　缝合口金

▶缝合方法参照P31

步骤3　前后片的边缘钩织

缝合口金的方法

●的针脚（3针的中心针）
需分别挑起左右根部

开始缝合※将缝合针穿过
边缘针的根部1根线（反面）

前、后片

缝合口金的位置（25针）

钩织结束
※后片留150cm的线头，
用于边缘的钩织

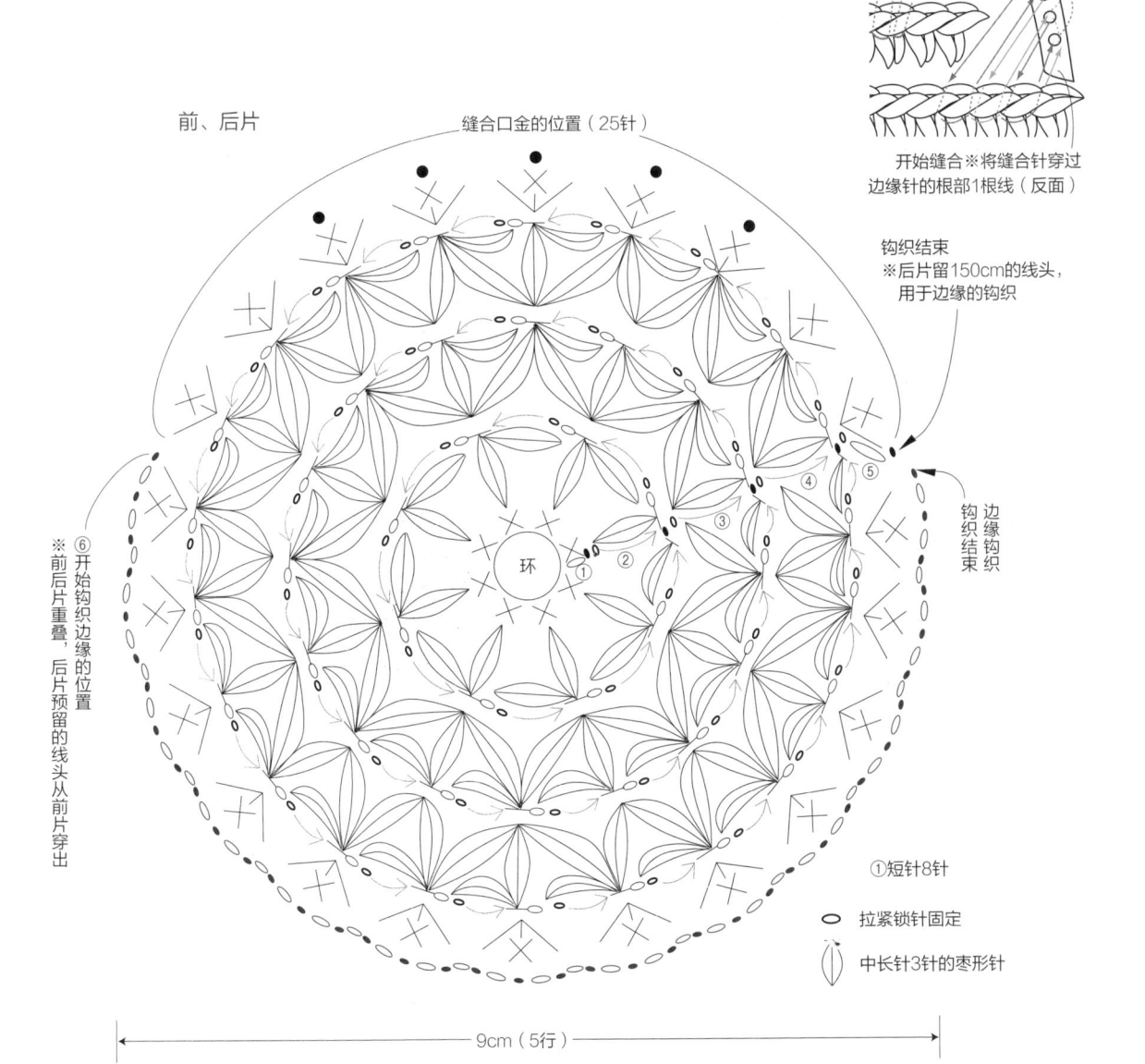

④ ⑤
钩织结束

边缘钩织
钩织结束

⑥ 开始钩织边缘的位置

※前后片重叠，后片预留的线头从前片穿出

①短针8针

◯ 拉紧锁针固定

中长针3针的枣形针

9cm（5行）

76

叠针球形口金包

◉材料
HAMANAKA KORPOKKUR（混色线）
粉色系（107）、绿色系（109）各11g
内径5.2cm的口金
（HAMANAKA H207-005-4）2个
手缝线适量

◉工具 钩针4/0号 缝合针 手缝针

◉钩织密度 叠针钩织7.5花样（10cm）

◉尺寸 直径8.5cm

步骤1 从环形起针开始钩织叠针

▶①～⑤［基础钩织1］ 教程

步骤2 缝合口金

▶缝合方法参照P31

步骤3 将前后片"卷针缝合"，
并装上装饰

▶P25、88

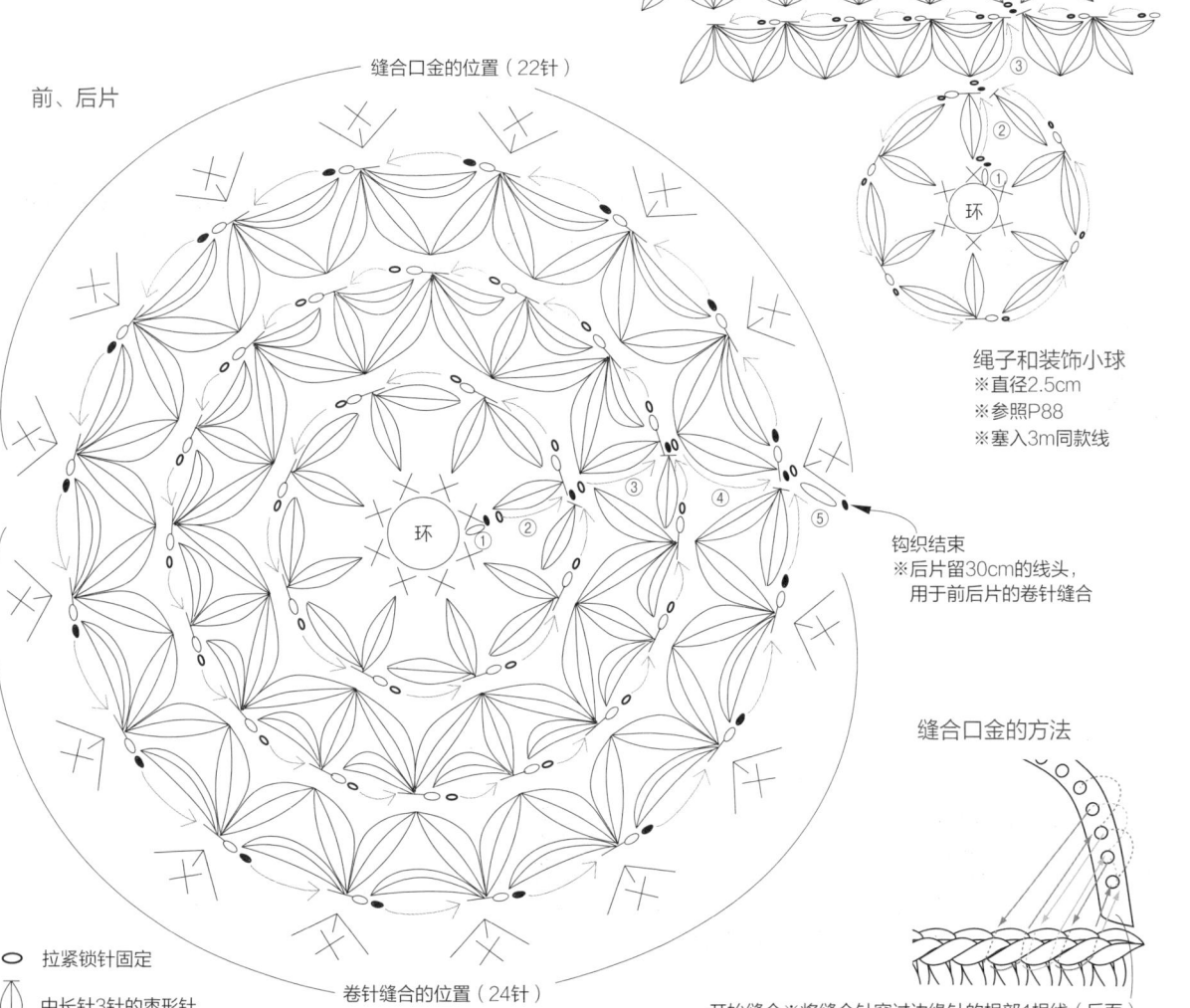

从线圈中穿出，
留20cm线头

锁针20针
（6.5cm）

前、后片

缝合口金的位置（22针）

绳子和装饰小球
※直径2.5cm
※参照P88
※塞入3m同款线

环

钩织结束
※后片留30cm的线头，
用于前后片的卷针缝合

缝合口金的方法

拉紧锁针固定

中长针3针的枣形针

卷针缝合的位置（24针）

开始缝合※将缝合针穿过边缘针的根部1根线（反面）

7.5cm（5行）

步骤1 　从环形起针开始钩织叠针

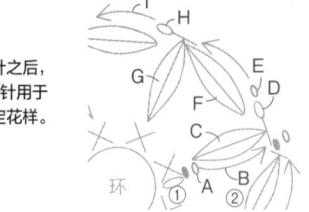

1

第1~2行

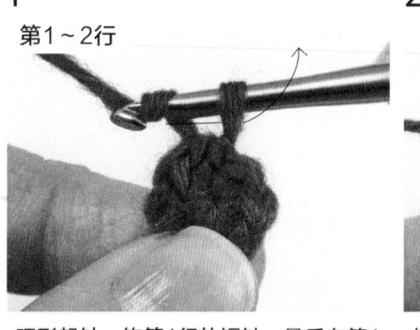

环形起针，钩第1行的短针，最后在第1针上引拔。第2行钩1锁针，收紧。

2

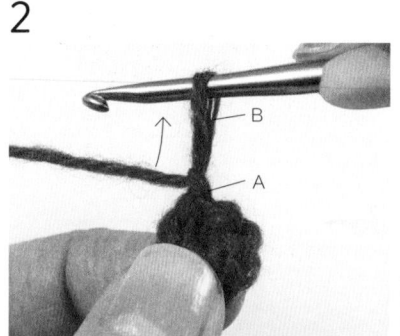

钩完1锁针（A）后的样子。接着提起钩针，将线圈拉至2针锁针的高度（B）。

3

针上挂线，在前一行的第1针处入针。

4

7根线

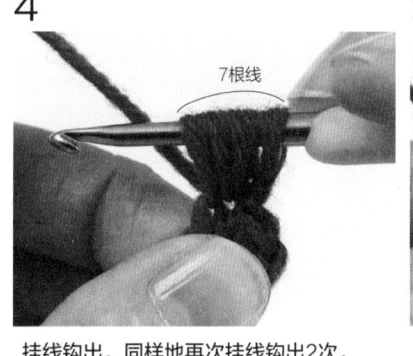

挂线钩出，同样地再次挂线钩出2次。

5

针上挂线，用手指稍稍压住左边的线，一次性引拔穿过所有线圈。

6

引拔后的样子。1针"中长针3针的枣形针"（C）完成。用手指压住的线形成一个小环（★）。

7

在小环（★）内入针，针上挂线钩出，钩1针锁针。

8

1针锁针（D）完成后的样子。

9

再次针上挂线钩出，钩1针锁针，收紧。

10

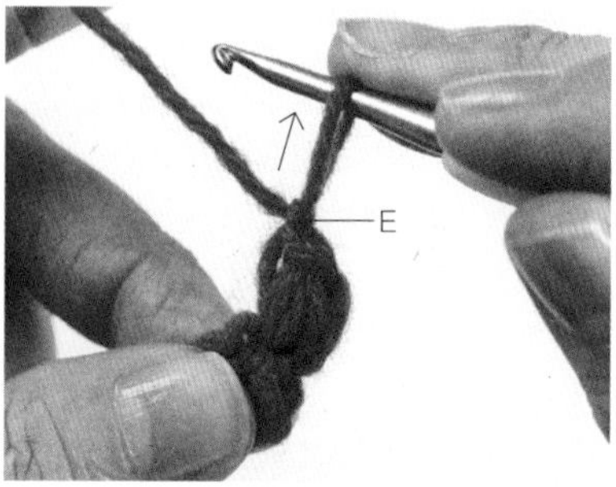

1针锁针（E）完成后的样子。提起钩针，将线圈拉至2针锁针的高度。

11

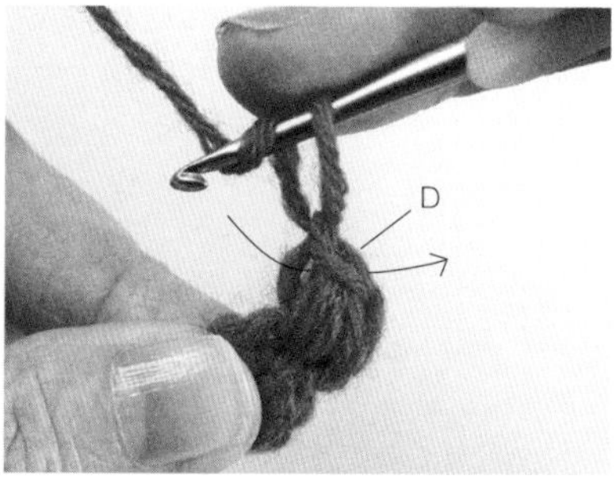

接着钩"中长针3针的枣形针"。针上挂线，在锁针（D）上入针。

12

入针时的样子。

13

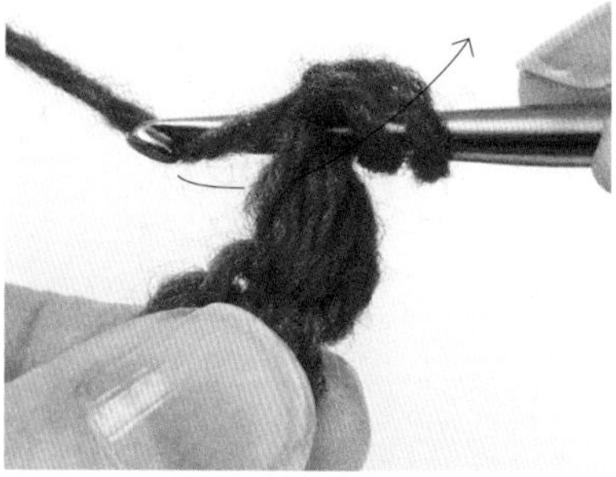

接着针上挂线钩出。

14

从D中钩出线的样子。将线圈拉至2针锁针的高度。

15

按照同样的方法，在同一针（D）内入针，再次挂线钩出2次。

16

针上挂线，在前一行（第1行）的第2针短针处入针。

注意　在未完成引拔针的状态下，开始钩下一个"中长针3针的枣形针"。

17

入针时的样子。针上挂线钩出。

18

钩出线的样子。将线圈拉至2针锁针的高度。

19

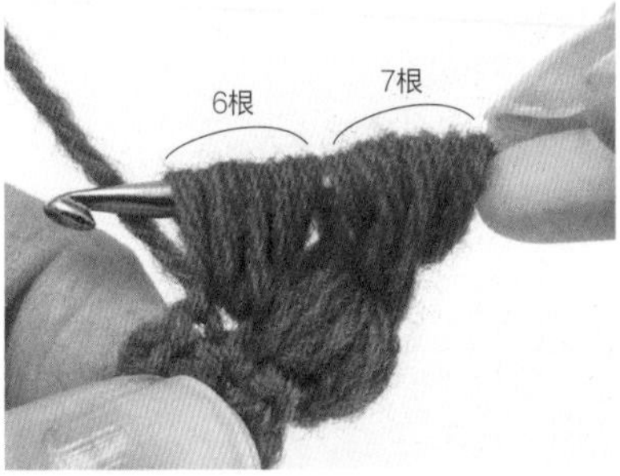

6根　7根

按照同样的方法，在同一针内入针，再次挂线钩出2次。

20

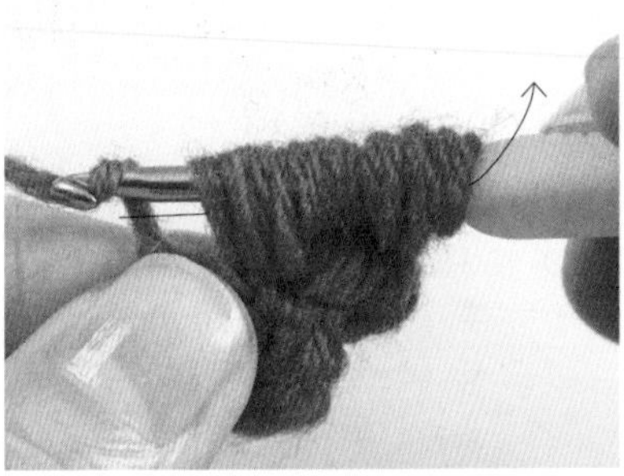

针上挂线，用手指稍稍压住左边的线，一次性引拔穿过所有线圈。

21

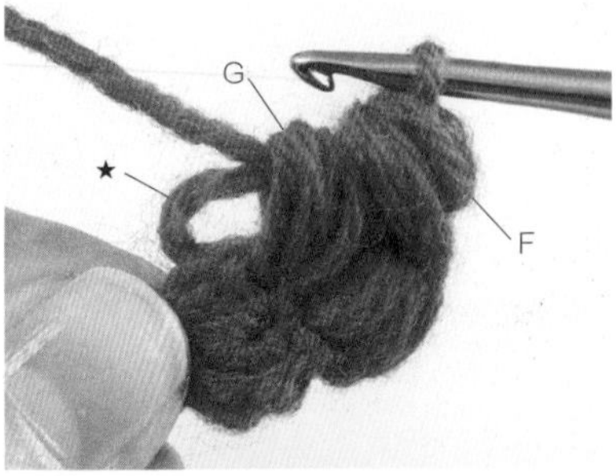

G
★
F

引拔后的样子。2针"中长针3针的枣形针"（F、G）完成。用手指压住的线形成一个小环（★）。

22

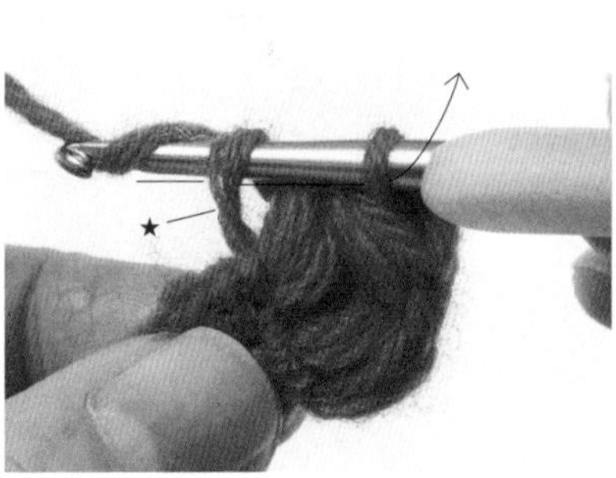

★

在小环（★）内入针，针上挂线钩出，钩1针锁针（H）。

23

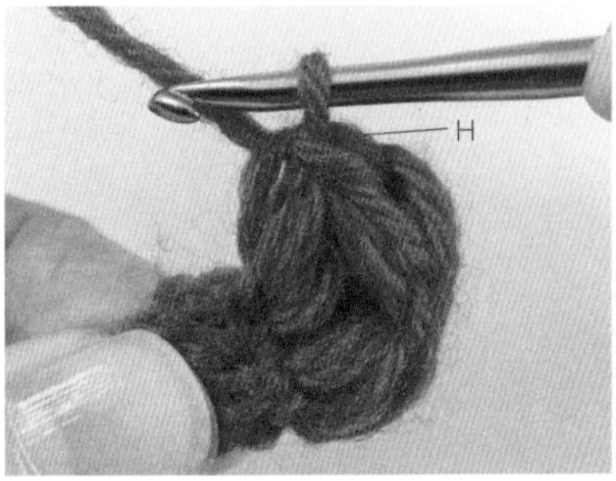

H

1针锁针（H）完成后的样子。接着再钩1针锁针，收紧。

24

I

1针锁针（I）完成后的样子。提起钩针，将线圈拉至2针锁针的高度。重复步骤3～24，将第2行钩完。

25

D

第2行最后，在第1针枣形针之后的锁针（D）上入针。

26

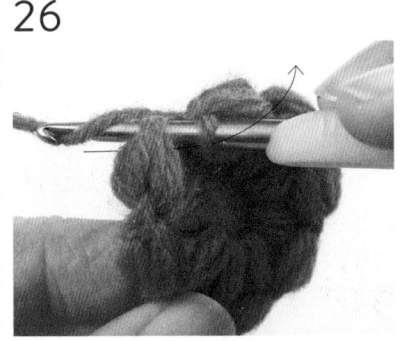

入针时的样子。挂线引拔出。

27

引拔完成后的样子。第2行（8个花样）完成。

28
第3行

第3行开始，按照第2行的步骤1~10，钩1针"中长针3针的枣形针"。

29

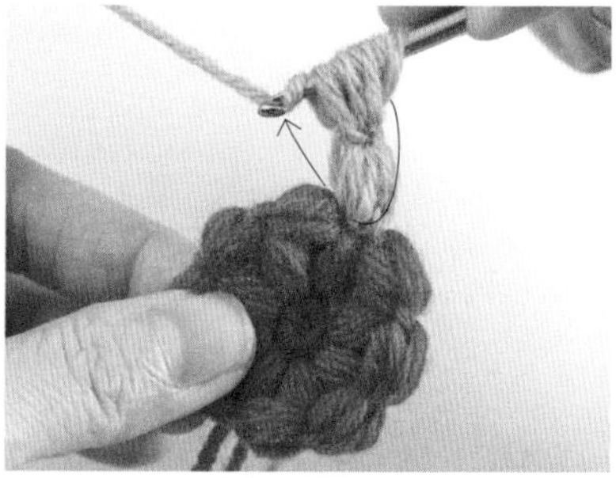

与第2行的步骤11~15相同，在锁针上挂线钩出。接着针上挂线，在前一行的第1针枣形针之后的锁针（D）上入针。

30

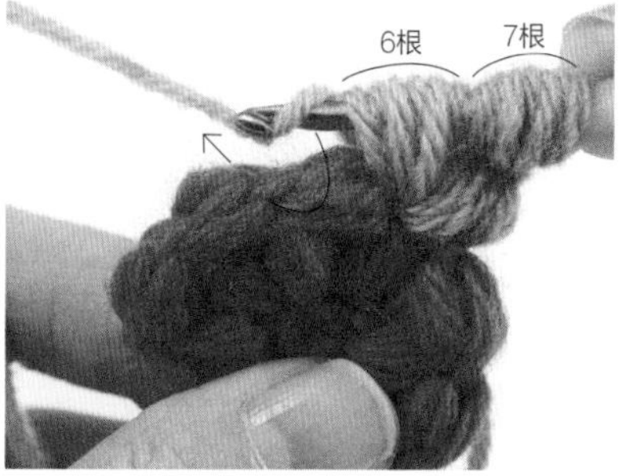

6根　7根

与步骤16~19相同，再次挂线引拔出。接着挂线在前一行的第2针枣形针之后的锁针（H）上入针。

31

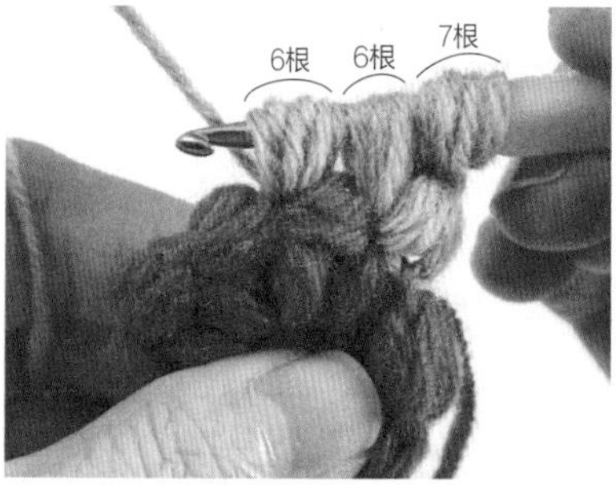

6根　6根　7根

按照步骤16~19，在同一针内挂线钩出3次。

32

针上挂线，用手指稍稍压住左边的线，一次性引拔穿过所有线圈。

33

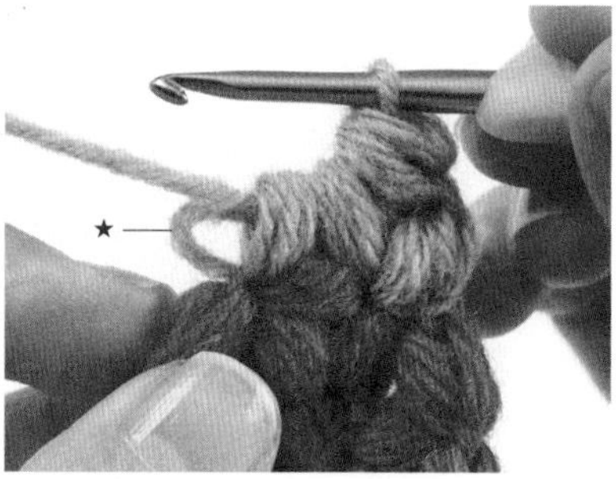

"中长针3针的枣形针"3针并为1针，用手指压住的线形成一个小环（★）。

34

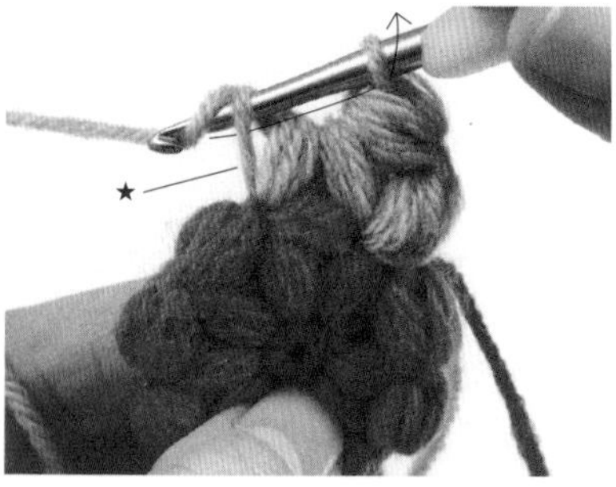

在小环（★）内入针，针上挂线钩出，钩1针锁针，收紧。

35

提起钩针，将线圈拉至2针锁针的高度。重复步骤28~35，继续钩织叠针。

36

通过分行换色来改变成品效果。※图中用线为HAMANAKA Paume（无垢绵）Crochet/Paume Crochet（草木染）

六角花片袖珍包

用2片花朵图案的六角形花片卷针缝合而成的袖
珍小包。
松软浮起的花瓣使之更具柔美之感。
13.3cm×11.5cm　制作方法→P84

针法…锁针／短针／长针／枣形针
／外钩长针／引拔针
使用线材…棉线　1团

六角花片束口荷包

将P84的花片同样地钩织7片，拼接成小荷包。
只需将六角形花片的边与边卷针缝合，便能呈现出
立体的形状。

高21.7cm　制作方法→P85

针法…锁针／短针／长针／枣形针／
外钩长针／引拔针

使用线材…棉线　灰色2团　深灰色1团

步骤1　从环形起针开始钩织
单元花片　教程

▶①～⑨［基础钩织1］
※在后片钩织扣眼

步骤2　将前后片卷针缝合

▶☆～★卷针缝合，在前片缝上纽扣
卷针缝合的方法参照P55

●材料
HAMANAKA Cotton Nottoc
灰色（20）17g
直径1.8cm的纽扣1个

●工具
钩针4/0号　缝合针

●尺寸
13.3cm×11.5cm

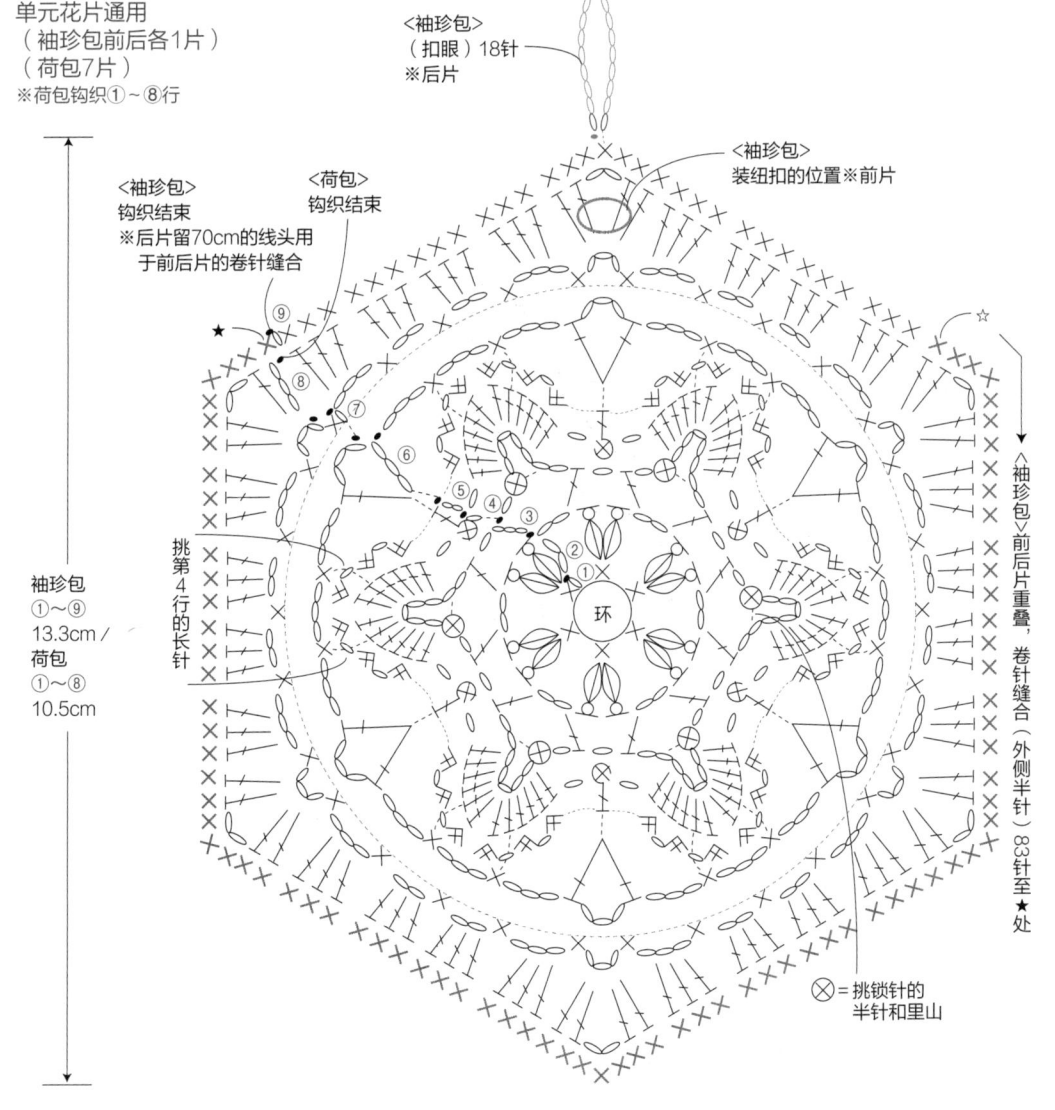

单元花片通用
（袖珍包前后各1片）
（荷包7片）
※荷包钩织①～⑧行

〈袖珍包〉
（扣眼）18针
※后片

〈袖珍包〉
装纽扣的位置※前片

〈袖珍包〉
钩织结束

※后片留70cm的线头用
于前后片的卷针缝合

〈荷包〉
钩织结束

袖珍包
①～⑨
13.3cm /
荷包
①～⑧
10.5cm

挑第4行的长针

环

〈袖珍包〉前后片重叠，卷针缝合（外侧半针）83针至★处

⊗ ＝挑锁针的
半针和里山

84

P83　六角花片束口荷包

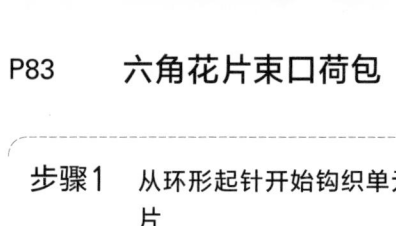

步骤1　从环形起针开始钩织单元花片

▶①～⑧［基础钩织1］ 教程

步骤2　将7片花片卷针缝合 教程

▶花片重叠卷针缝合
卷针缝合的方法参照P55

步骤2　钩织上部，穿绳子

▶⑨～⑳、绳子的钩织方法参照 教程

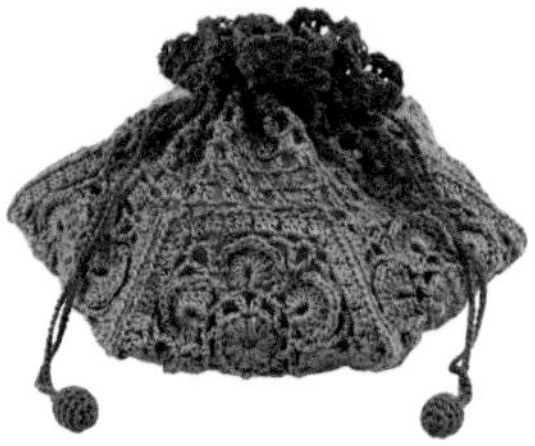

◉材料
HAMANAKA Wash Cotton Crochet
A灰色（18）43g
B深灰色（130）8g

◉工具
钩针3/0号　缝合针

◉钩织密度
上部花样钩织（⑩～⑯）
10花样40针×15行（11cm×10cm）

◉尺寸
高21.7cm

绳子和小球（2条）
※B线

钩织结束
※留20cm线头
起144针锁针
（40cm）
⑥
⑤
④
③
②
①
环

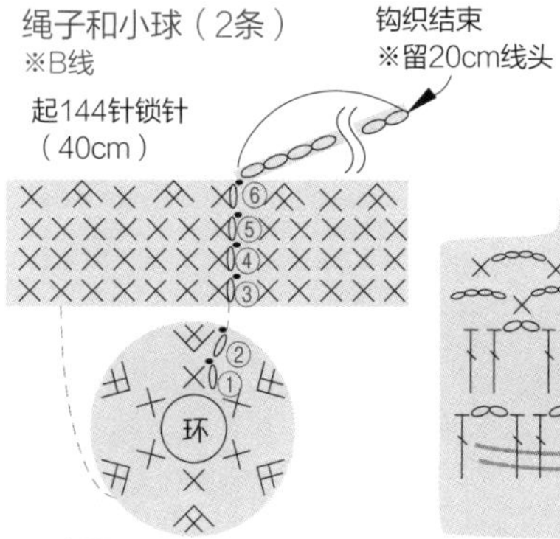

※参照P88

上部的钩织方法　※①～⑥A线、⑦～⑫B线　※⑫需反方向钩织

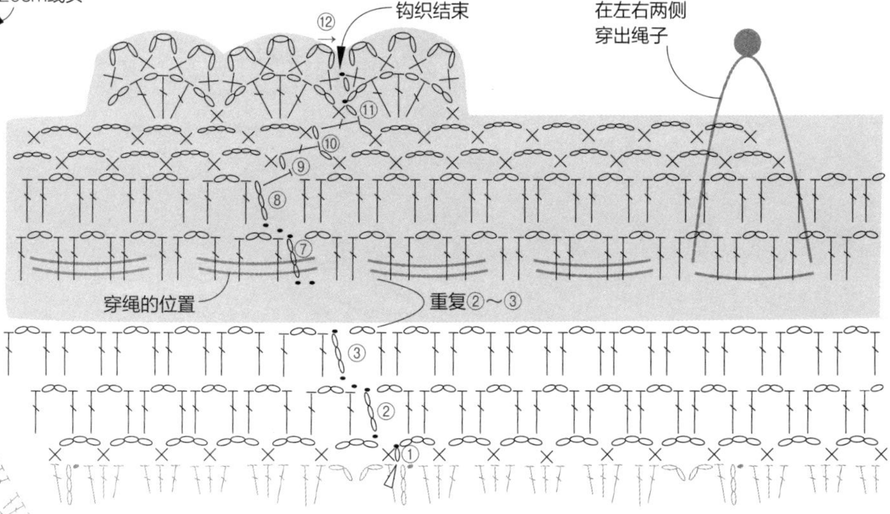

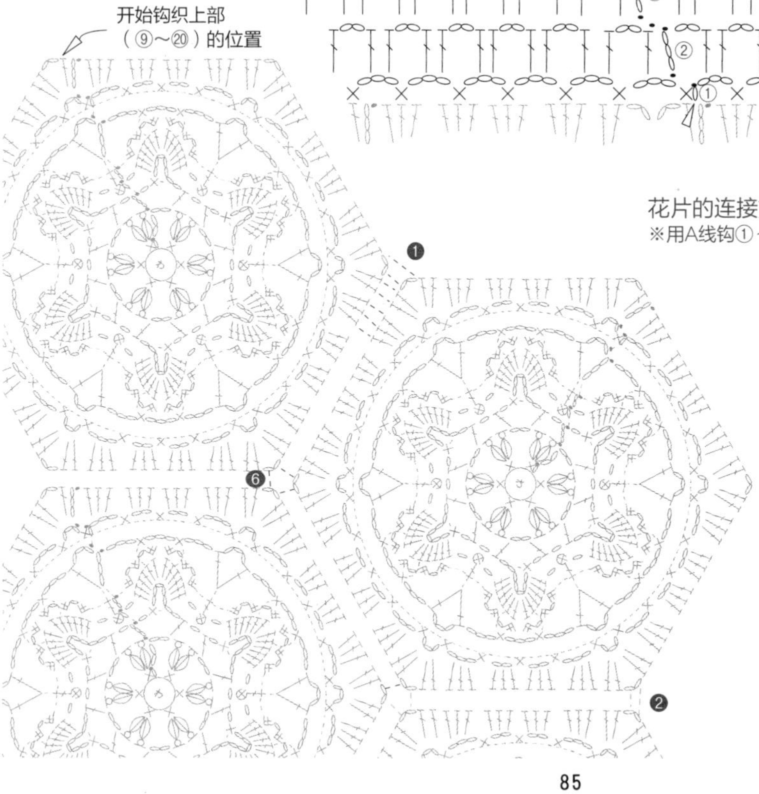

⑫
钩织结束
在左右两侧
穿出绳子
⑪
⑩
⑨
⑧
⑦
穿绳的位置
重复②～③
③
②
①

开始钩织上部
（⑨～⑳）的位置
❶
❻
❷

花片的连接方法
※用A线钩①～⑧行，共7片

分别用55cm同款线卷针缝合3边
（54针）的外侧半针
❶
❷
❸
❹
❺
❻

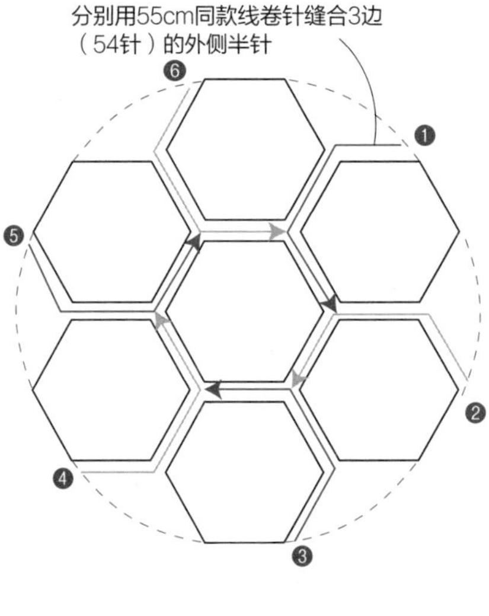

技巧

钩第6行时，需避开第5行针脚（米色线部分），挑第4行的针脚钩织，使第5行呈现上浮效果。

1

第1～3行

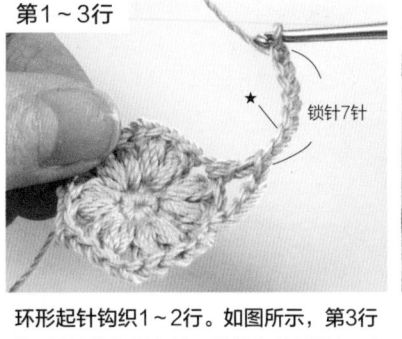

锁针7针

环形起针钩织1～2行。如图所示，第3行钩3锁针作为起立针，接着钩1针锁针、1针长针、7针锁针。

2

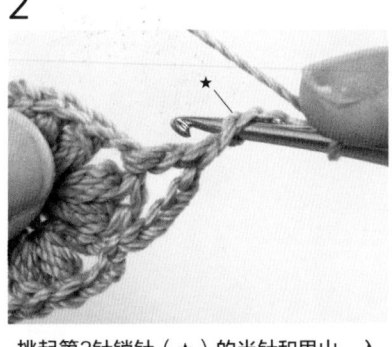

挑起第2针锁针（★）的半针和里山，入针挂线钩出。

3

接着针上挂线，一次性钩出，钩1针短针。锁针5针和短针的小环完成，作为下一行花瓣的基底。

4

钩1针锁针、1针长针。按照步骤1～4同样的方法钩完第3行。最后挑起起立针第3个锁针的半针和里山引拔结束。

5

第4行

在前一行的小环基底上整束挑起锁针，钩织花瓣（挑束钩织▶P115）。最后在第1个短针上引拔。

6

第5行

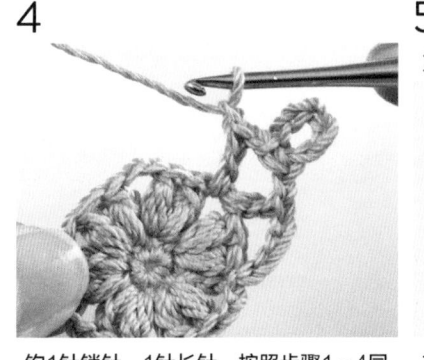

钩2锁针作为起立针，针上挂线，挑起前一行短针的根部。

7

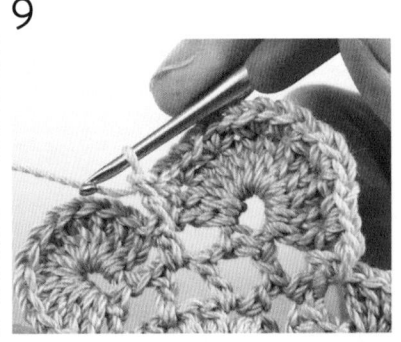

挑起根部后的样子。再次挂线钩出2锁针的高度，钩1针长针。

8

1针"外钩长针"完成。

9

挑起前一行花瓣的针脚，钩织"短针1针分2针"和1针锁针。

10

最后挑起锁针起立针之后的长针顶部，引拔结束。

11

第6行

钩3锁针作为起立针。

12

3针

钩3锁针，在前一行的"外钩长针"上钩1针长针。接着再钩3锁针。

13

★

避开第5行的针目，在往下2行（第4行）的第5针长针上入针，挑起顶部的2根锁针线（★），挂线钩出。

14

再次挂线钩出，1针短针完成后的样子。

注意 避开前一行，使花瓣边缘呈现上浮效果。

15

3针

钩3锁针，按照步骤13、14同样的方法，挑起第4行的第8针长针，钩1针短针。

16

钩3锁针，挑起前一行的"外钩长针"，钩织1针长针、3针锁针、1针长针。重复步骤12~16。

17

钩完第9行的样子。最后在第1针短针上引拔结束。

※束口荷包钩织到第8行即可。

18

从侧面看的效果。第6行的钩织方式使花瓣边缘部分呈现上浮效果。

绳子和装饰物的制作方法

钩针编织的绳子和装饰小物，拥有很广泛的自由设计空间。
不仅可以用余线做成荷包束口绳，也能挂于口金包上作为装饰带使用。

A 绳子和小球

A／P83的作品　B／P90的作品　C／
P75的作品　D／P34的作品

1

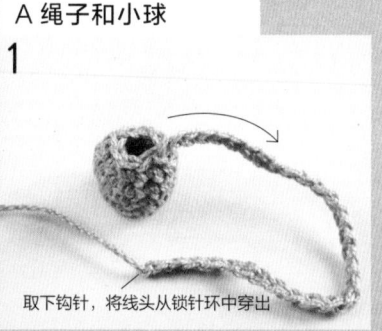

取下钩针，将线头从锁针环中穿出

按照钩织图（P85）钩好小球，接着用锁针钩织绳子。钩织结束时留20cm左右的线头，剪断。穿过最后的锁针环收紧。

2

用同款线的余线填充小球。

3

用25cm同款线穿过缝针，依次穿过小球最后一行针脚的外侧半针。

4

线头打结，接着再同样地打结1次（死结）。

5

拉紧线头，将小球开口牢牢收紧。

6

4出　2出
3入
1入

收打结线头。将线头穿入缝针，穿过中心（1入、2出），将线分股劈开再次穿过（3入、4出）。

7

从另一侧穿出，剪掉多余的线头。另一根线头也按照这个方法收好。

8

穿过荷包

将绳子穿过荷包（P89），绳子的另一头收进小球固定好。用钩织结束后预留的线头穿入缝针，从绳子尾部穿出。

9

收拢绳子，缝针从前往后，在最边缘的锁针中心穿出。

10

换个方向，缝针从后往前再一次从下一个锁针中心穿出。

11

回到绳子尾部，将线头藏入小球中收好。

D 毛球装饰绳

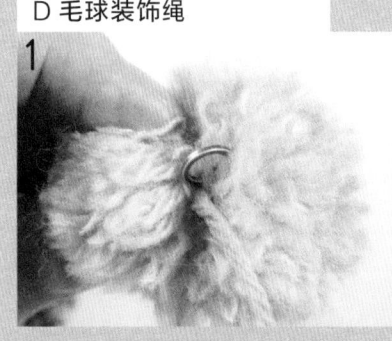

1

用毛球器（HAMANAKA毛球器 直径3.5mm）制作毛球。在中心打结的80cm同款线上穿入小环（直径0.8mm）。

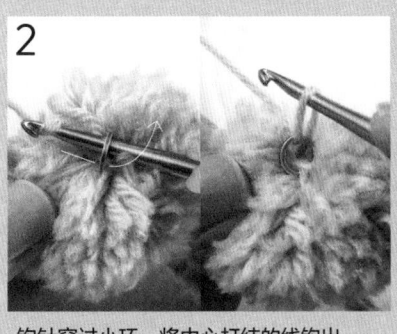

2

钩针穿过小环，将中心打结的线钩出。

3

接着钩30针锁针。绳子穿过口金，绳子的另一端按照A的方法收拢缝合好。

束口荷包的穿绳方法

1

绳子从一侧穿出

2

另一条绳子从另一侧穿出

3

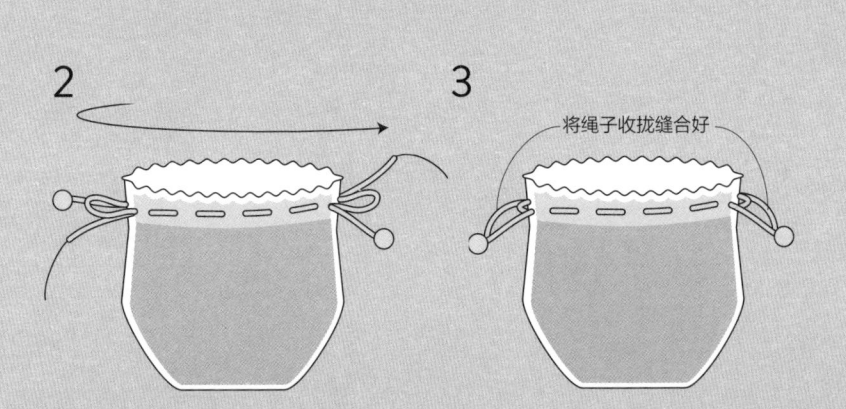

将绳子收拢缝合好

方形花片束口荷包

荷包用8片方形单元花片引拔拼接而成。
花片中心加以蕾丝片点缀，尽显精致细腻之感。

20.3cm×15cm　制作方法→P91

针法…锁针／短针／长针／引拔针／
中长针2针的变形枣形针

使用线材…棉线　2色各1团

P90　方形花片束口荷包

步骤1　使用蕾丝片开始钩织单元花片　[教程]

▶①～⑤※第2片①～④

步骤2　一边钩一边"引拔拼接"单元花片　[教程]

步骤3　钩织上部和下部，穿绳子

▶上部①～⑧、下部①
绳子的钩织方法参照P88

◉材料
A HAMANAKA Wash Cotton
象牙色(2) 15g
B HAMANAKA Wash Cotton
（段染线）
黄色系（304）32g
编织用蕾丝片（HAMANAKA
H906-011-1）8片※各2.5cm

◉工具
钩针4/0号　缝合针

◉钩织密度
上部花样钩织（①～⑥）
9花样×6行（10cm×3cm）

◉尺寸
20.3cm×15cm

单元花片（8片）
※第1片钩织①～⑤、从第2片开始，一边钩织⑤一边拼接

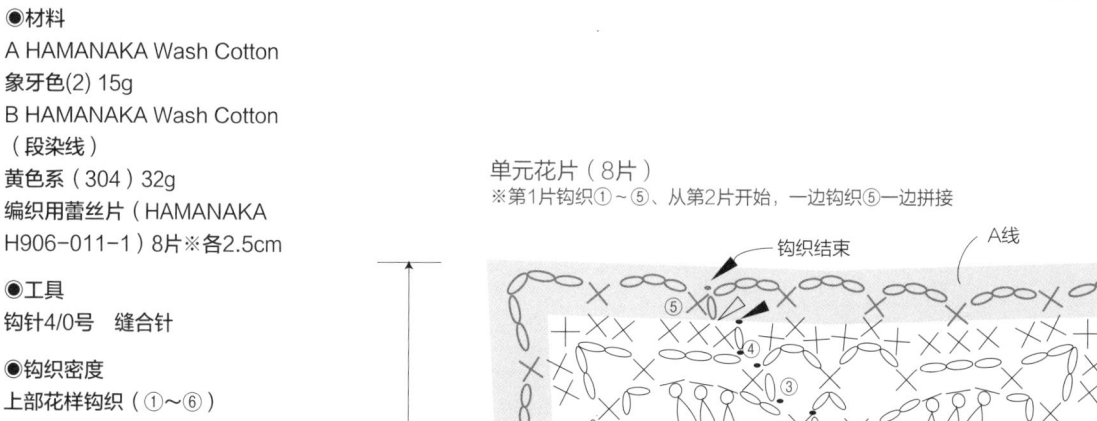

7.5cm

钩织结束

A线

⑤ ④ ③ ② ①

蕾丝片

绳子（2条）

开始钩织
110针（35cm）

钩织结束
※留20cm左右的线头穿过
最后的锁针环收紧

B线

环

中长针2针的
变形枣形针
（挑束钩织）

91

花片的拼接和整理方法

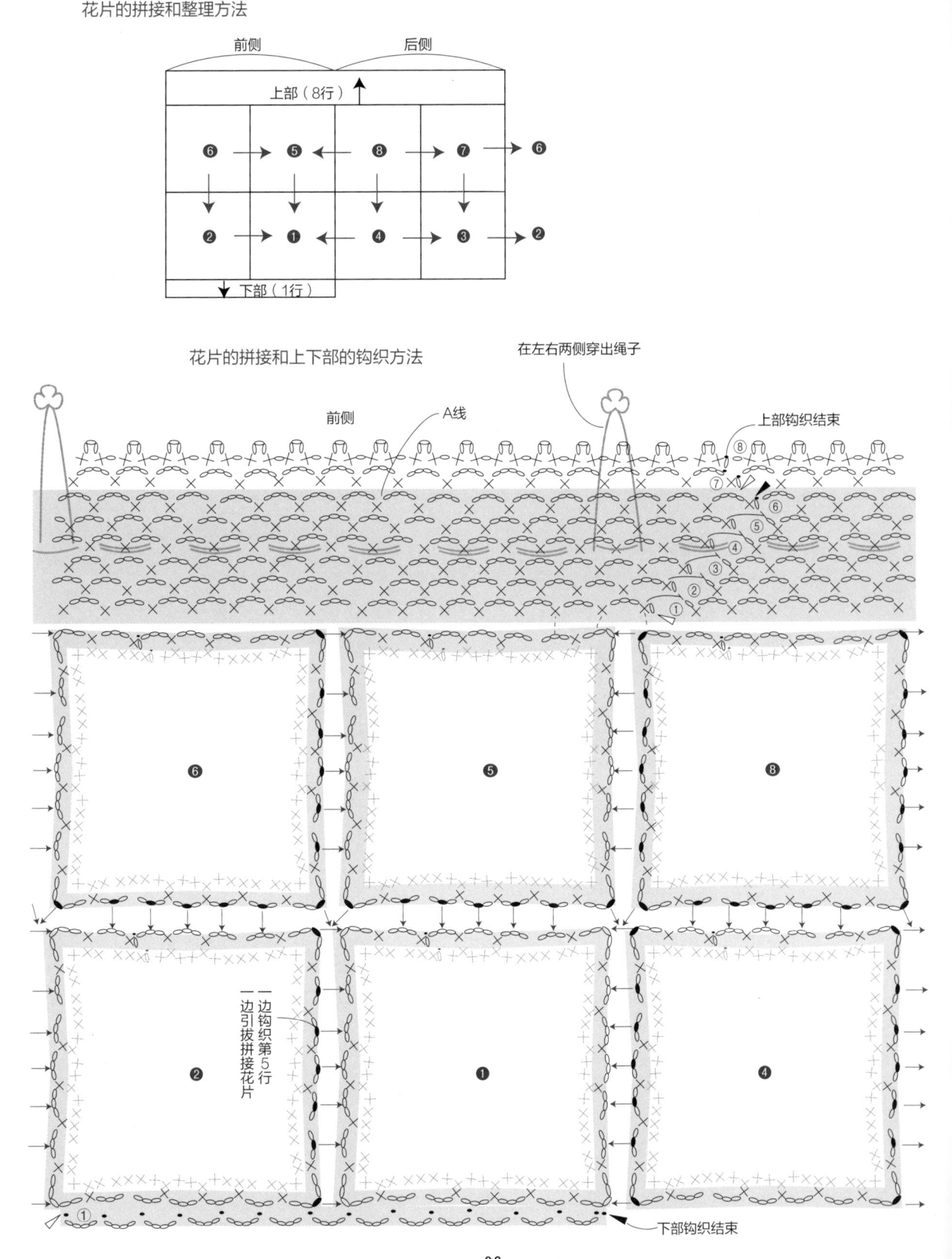

前侧　　　　　后侧

上部（8行）

❻　　❺　　❽　　❼　　❻

❷　　❶　　❹　　❸　　❷

下部（1行）

花片的拼接和上下部的钩织方法

在左右两侧穿出绳子

前侧　　　　A线

上部钩织结束

⑧
⑦
⑥
⑤
④
③
②
①

❻　　　　❺　　　　❽

一边钩织第5行
一边引拔拼接花片

❷　　　　❶　　　　❹

①

下部钩织结束

步骤1　使用蕾丝片开始钩织单元花片

1

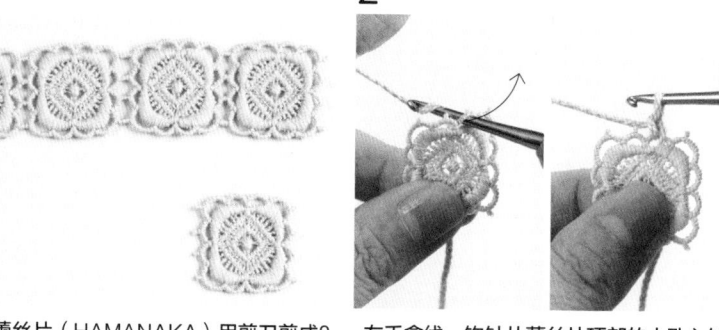

将蕾丝片（HAMANAKA）用剪刀剪成8个小片。

2

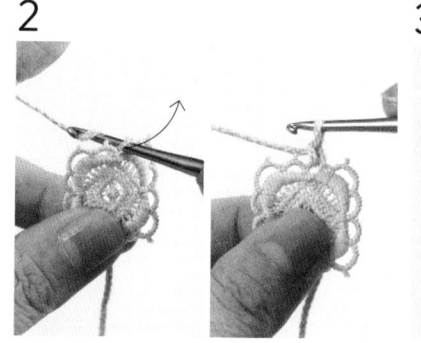

左手拿线，钩针从蕾丝片顶部的小孔入针，挂线钩出，钩1针起立针。

3

按照钩织图，从蕾丝片小孔内挂线钩出，钩织好第1行。下一行开始，挑起前一行的针脚钩织。

步骤2　一边钩一边"引拔拼接"单元花片

1

连接2片

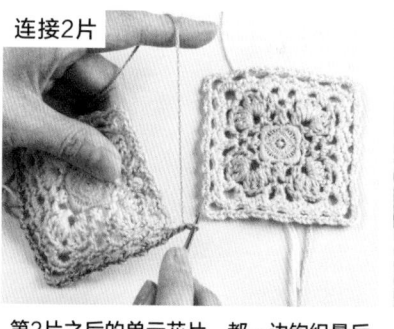

第2片之后的单元花片，都一边钩织最后一行（第5行）一边连接花片。图中为连接2片单元花片的样子。

2

第2片钩织2条边后，第3条边与第1片花片连接。钩2针锁针，在第1片花片的边角锁针洞入针，钩1针引拔针。

3

接着钩2针锁针、1针短针、1针锁针。再次在第1片花片的下一个锁针洞入针，钩1针引拔针，将2条边连接起来。第4条边按照原来的方法钩织。

4

3片边角

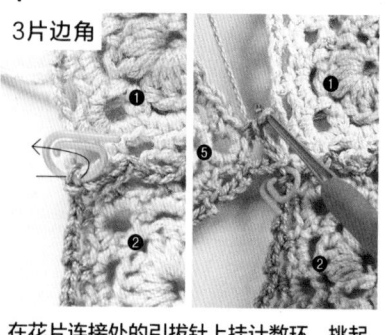

在花片连接处的引拔针上挂计数环。挑起计数环处的针，钩1针引拔针，继续一边钩一边连接第3片花片。

5

4片边角

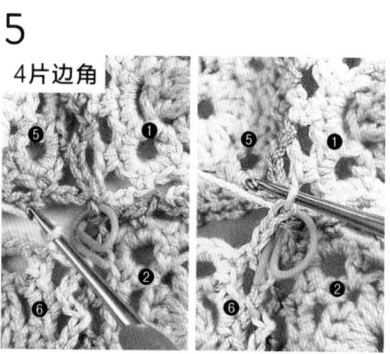

挑起记号圈处的针，钩1针引拔针。

6

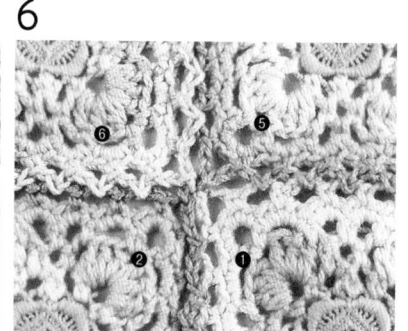

所有边角连接完成后的样子。连接处整齐美观。

枣形针卡包

只需简单地环形圈钩便能完成的卡包。
亚麻线不易变形，用于钩织没有侧面的扁平小包最合
适不过了。

8cm × 10.8cm　制作方法→P96

针法··锁针／短针／长针／枣形针／引拔针
使用线材··亚麻线　2色各1团

枣形针小挎包

在P94的卡包基础上纵向加长，并装上绳子。
改变了小包的尺寸，更适合放手机、票据、手账本
等小物。

15.5cm×10.8cm　制作方法→P96

针法…锁针／短针／长针／枣形针／引拔针
使用线材…亚麻线　2色各1团

P94, 95　　**枣形针卡包、小挎包**

变化款式

小挎包

步骤1　从锁针起针开始钩织
主体和包盖

▶主体①～⑪、包盖①～⑥
※小挎包①～㉑、包盖①～⑧
锁针起针的方法参照P71

步骤2　钩织边缘、安装纽扣

▶边缘钩织①

步骤3　（小挎包款）钩织
并安装绳子　[教程]

※纽扣款无需此步骤

●材料

HAMANAKA Flax K
卡包／A黄色（209）17g
B浅茶色（13）5g
小挎包／粉色（206）28g
B灰色（14）13g
通用／直径1.5cm的纽扣各1个
手缝线适量

●工具

钩针4/0号　缝合针　手缝针

●钩织密度

24针（10cm）×14行（10.5cm）

●尺寸

卡包／8cm×10.8cm
小挎包／15.5cm×10.8cm

⎯○針　　●引拔针　　╳短针

╳ 短针1针分2针（挑锁针的半针和里山钩织）

◇ 长针3针的枣形针

╱ 接线　　◤ 断线

主体・包盖

※〈小挎包〉主体在第⑩行之后，
重复5次 ▭ 至第21行

※〈小挎包〉包盖在第⑥行之后，
重复1次 ▭ 至第8行

在★处引拔

86组花样

②、④、⑥的短针挑起2根锁针线钩织
（5针）

钩织绳子
※小挎包
※B线

3组花样

2组花样

1组花样

B线

剪断B线

（主体）
钩织结束
※剪断A线

（边缘钩织）
钩织结束

边缘钩织①

★

卡包
4.3cm
（6行）/
小挎包
6cm
（8行）

卡包
8cm
（11行）/
小挎包
15.5cm
（21行）

安装纽扣的位置
※小挎包的纽扣
装在第16行

挑起前一行锁针的
半针和里山钩织

开始钩织（起25锁针）

10cm

96

1

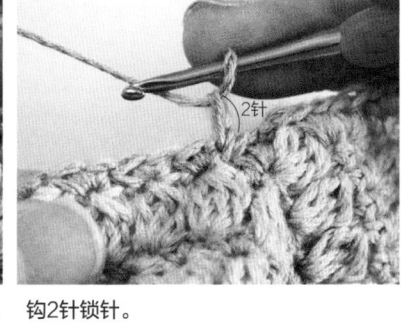

根据钩织图，在开始钩织绳子的位置入针，钩出线。

2

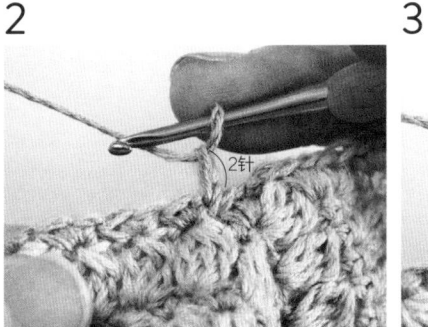

2针

钩2针锁针。

3

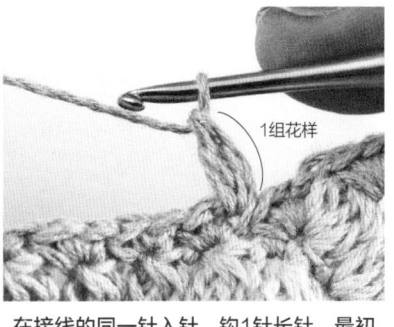

1组花样

在接线的同一针入针，钩1针长针。最初的1组花样完成。

4

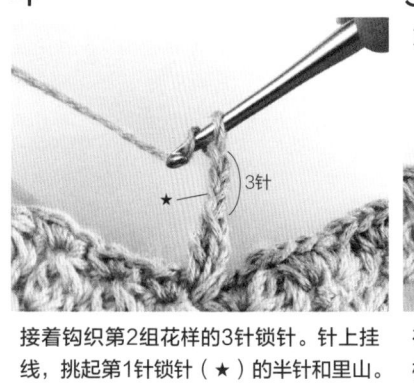

★　3针

接着钩织第2组花样的3针锁针。针上挂线，挑起第1针锁针（★）的半针和里山。

5

第1行
★

在第1针（★）的半针和里山入针后的样子。

6

针上挂线钩出。

7

钩出线后的样子。再次针上挂线，穿过前2个线圈。

8

针上挂线，一次性引拔穿过所有线圈。1针长针完成。

9

第2组花样

3针锁针和1针长针组成的第2组花样完成。按照第2组花样同样的方法钩织85次。最后在主体的针上引拔结束。

狗牙针纸巾包

狗牙针的凹凸特征使纸巾包充满时尚感，
将一片织物上下折叠并钩织边缘即可完成。
小包使用棉线钩织，便于洗涤。

9.2cm×13cm　制作方法→P100

针法…锁针／短针／长针／狗牙针／引拔针
使用线材…棉线　2色各1团

松叶针杯套

给夏季外出时必不可少的饮料瓶套上杯套吧。
亚麻线的独特质感使织物更具自然风情。
直径7.5cm，高19.3cm　制作方法→P102

针法…锁针／短针／长针／枣形针／引拔针
使用线材…亚麻线　2团

P98　狗牙针纸巾包

步骤1　从锁针起针开始钩织主体

▶主体①～㉒［基础钩织2］

步骤2　钩织4条边的边缘

▶四周的边缘钩织①～③ 〔教程〕

步骤3　上下折叠主体，钩织边缘缝合 〔教程〕

▶左右的边缘钩织①

●材料

HAMANAKA Wash Cotton
绿色款／A浅绿色（37）19g
B象牙色（2）4g
米色款／A米色（3）19g
B象牙色（2）4g
通用／直径0.4cm的珠子各1颗
手缝线适量

●工具

钩针4/0号　缝合针　手缝针

●钩织密度　26针×12行（10cm×10cm）

●尺寸　9.2cm×13cm

小花

钩织结束
※留25cm线头

环

2.5

※开始钩织时预留
20cm线头

用钩织开始和结束时
预留的线头将小花缝
合在主体●处

18.4cm
（22行）

缝合整理方法

①对应★记号折叠，
上部在最上方。
钩织边缘

②缝合固定小花，
在中心缝上珠子。

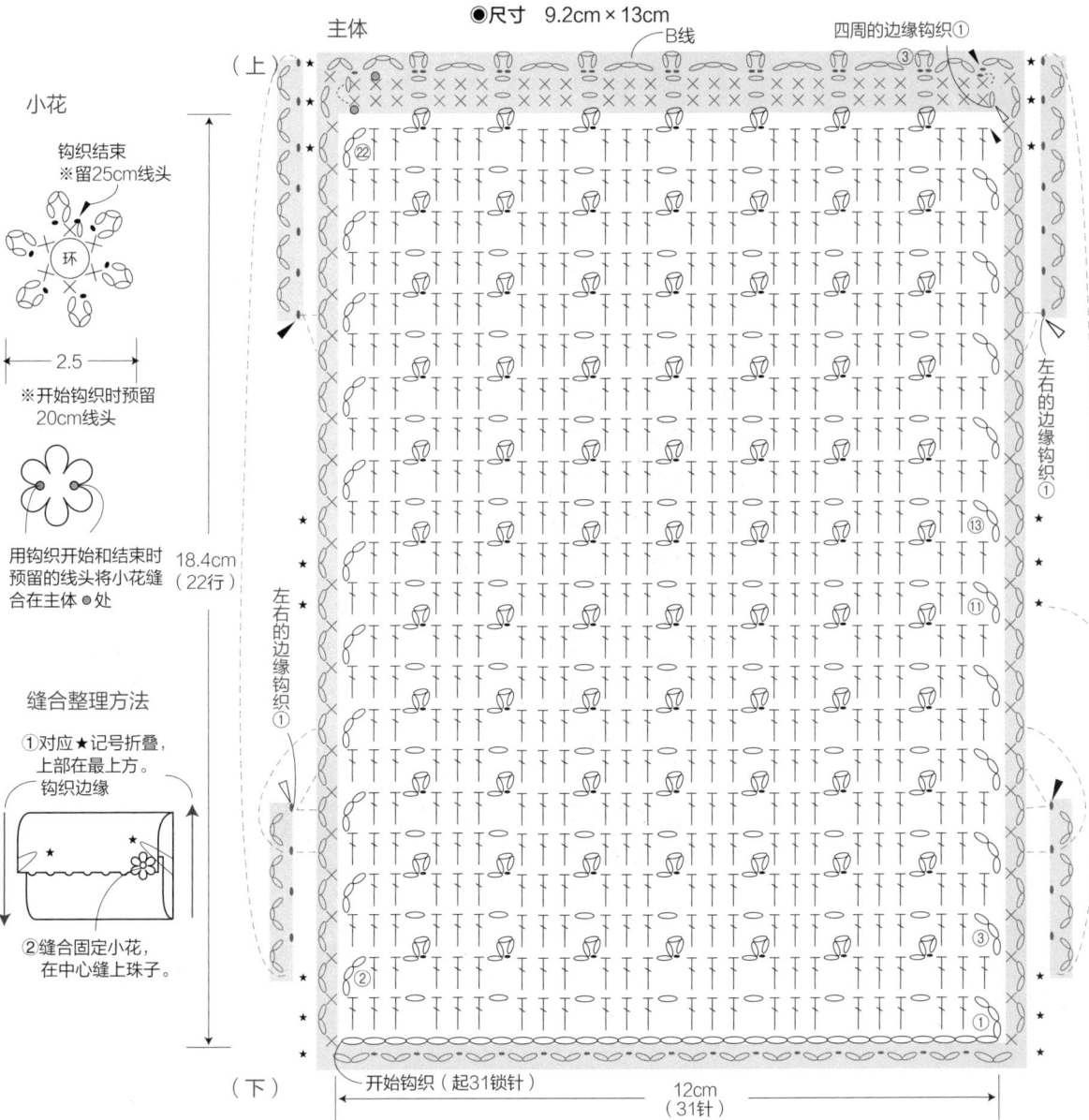

主体

（上）

B线

四周的边缘钩织①

左右的边缘钩织①

左右的边缘钩织①

（下）

开始钩织（起31锁针）

12cm
（31针）

100

1

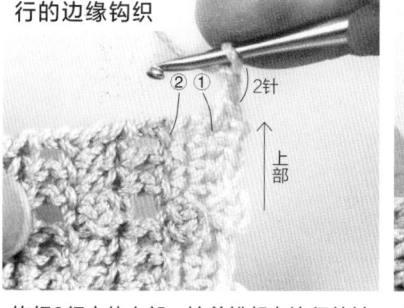

行的边缘钩织

钩织3行主体上部，接着挑起左边行的针目钩织边缘。在角上钩2针锁针，挑起①处钩1针短针，再钩2针锁针。

2

接着挑起②（主体的3锁针）处，钩1针短针。

3

钩2针锁针，挑起③（主体长针的顶部下方）处，钩1针短针、2针锁针。
重复步骤2、3。

1

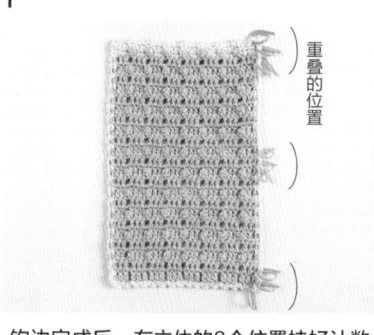

重叠的位置

钩边完成后，在主体的3个位置挂好计数环。3处计数环的位置为主体重叠的位置。

2

线头从前往后挂于针上

挑起重叠的2针

折叠主体，在起始位置入针钩出线，钩最初的1针引拔针。此时织物有厚度，将线头挂于钩针上，注意不要钩出。

3

1针引拔针完成。由于线头挂在钩针上，牢固地收紧了线头。

4

一起挑起重叠的2层锁针

钩3针锁针，挑起钩边的锁针部分（挑束钩织▶P115）钩1针引拔针，接着钩3针锁针。

5

3针

按照同样的方法钩到计数环前，取下计数环后入针挑起3层锁针，钩1针引拔针，接着钩3针锁针。

6

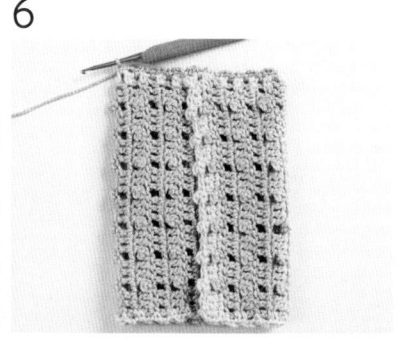

一边取下计数环，一边将3层锁针一起挑起钩织。一直钩织到末尾，结束并收好线头。另一侧也按照同样的方法钩织。

P99　松叶针杯套

步骤1　从环形起针开始钩织主体

▶①～㊴［基础钩织3］
⑬之后根据箭头方向钩织

步骤2　穿绳子

▶绳子的钩织方法参照P88

◉材料
HAMANAKA Flax TW
芥黄色（703）34g
1.2cm×1.2cm的木珠1颗
手缝线适量

◉工具
钩针4/0号　缝合针

◉钩织密度
花样钩织（主体）　4花样×14行
（9cm×10cm）
花样钩织（上部）　4花样（8cm）

◉尺寸
直径7.5cm，高19.3cm

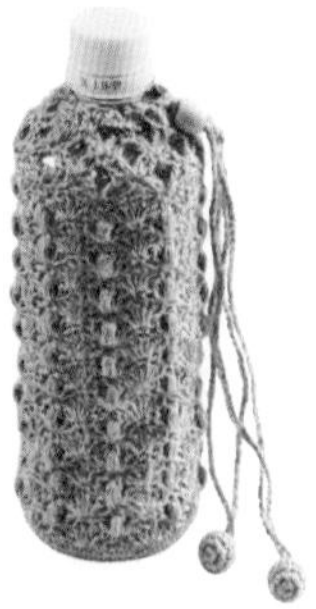

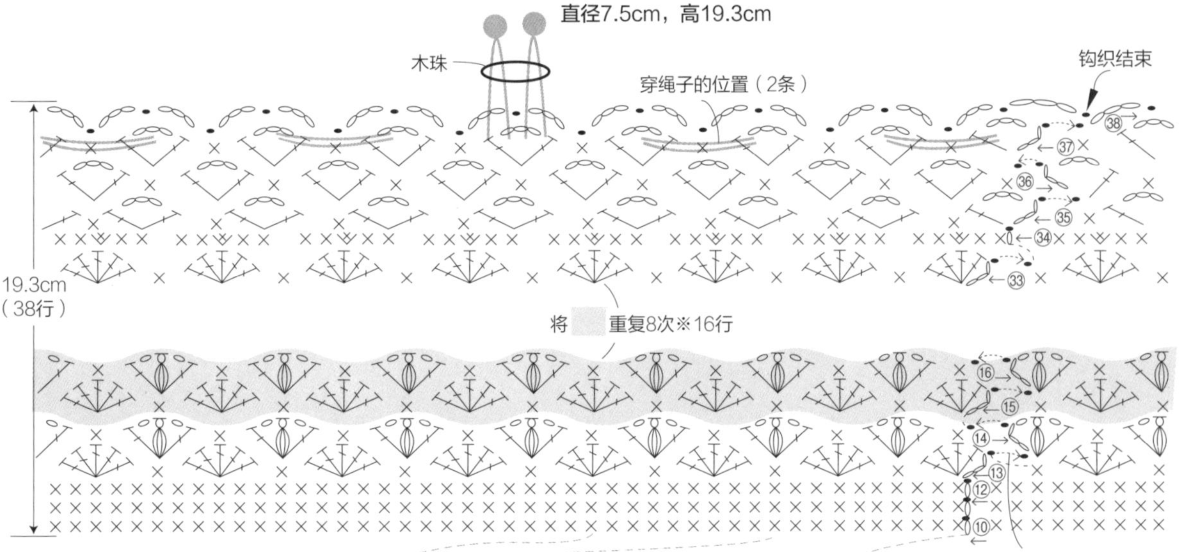
木珠
穿绳子的位置（2条）
钩织结束
19.3cm
（38行）
将　重复8次※16行
改变钩织方向时，在前一针上引拔，
钩锁针作为起立针

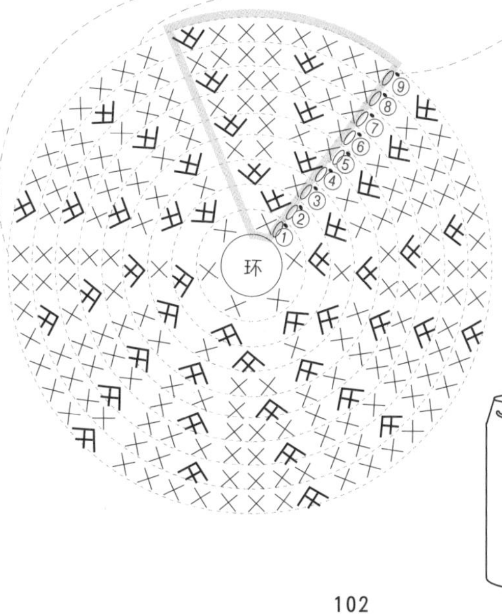
B线
针数…①6针
②12针
③18针
④24针
⑤30针
⑥36针
⑦42针
⑧48针
⑨～⑫ 54针
7.5cm
（9行）
环

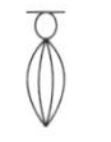
中长针4针的
变形枣形针

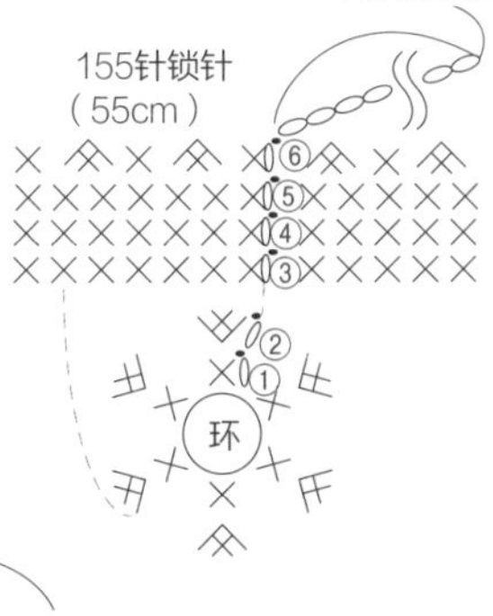
绳子和小球
（2条）
钩织结束
※留20cm线头，
接着取下钩针，
将线头从锁针环
中穿出拉紧
155针锁针
（55cm）
环

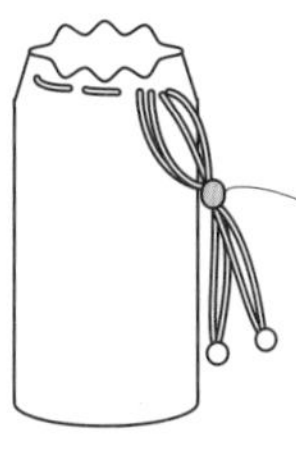
绳子穿过木珠后分别在
小球中收拢缝合好

遇到线材不足的情况

在钩织过程中遇到线材不足的情况时，需要接上新线。
要注意在织片正面和反面接线的操作方式有所不同。

在正面接线

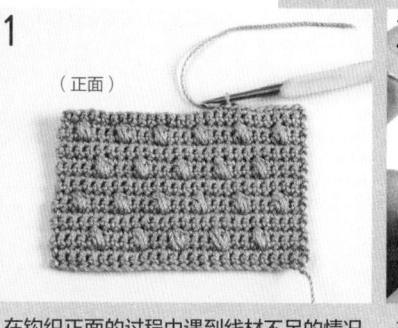

1 在钩织正面的过程中遇到线材不足的情况，为了方便收线头，如图所示留15cm左右线头。

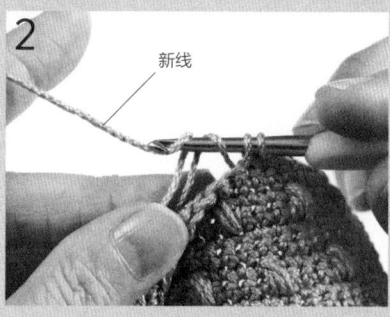

2 在钩未完成针最后的引拔步骤时，将原线从前往后挂于钩针上，然后针上挂新线一次性引拔钩出。

3 引拔后的样子。新线换线完成。

4 接着用新线钩下一针。

5 在织片的反面将原线和新线的线头打结使之不松动，最后将线头收于织片中。

在边缘接线

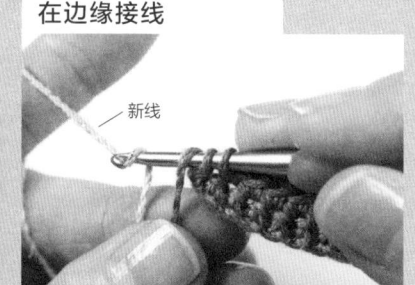

钩织到左侧需接线的情况下，在最后的未完成针引拔前，将原线从后往前挂于针上，接着挂线钩出新线。在右侧接线时，原线从前往后挂于针上。

在反面接线

1 与"在正面接线"不同，在钩未完成针最后的引拔步骤时，原线需从后往前挂于针上，新线的线头也放于前面（反面），针上挂新线。

2 一次性引拔钩出后的样子。新线换线完成。

3 接着用新线钩下一针。与"在正面接线"步骤5相同，将织片反面的原线和新线线头打结，最后将线头收于织片中。

卷筒钩针工具包

看一眼就让人想做手工的钩针工具包。
不仅追求外表的美观，更着重于使用上的便利性。
钩针插入小口袋后可以将小包卷起来，并用钩织的绳子绑好。

高16.5cm　制作方法→P106

针法…锁针／短针／长针／枣形针／引拔针
使用线材…棉线　深灰色2团  象牙色1团

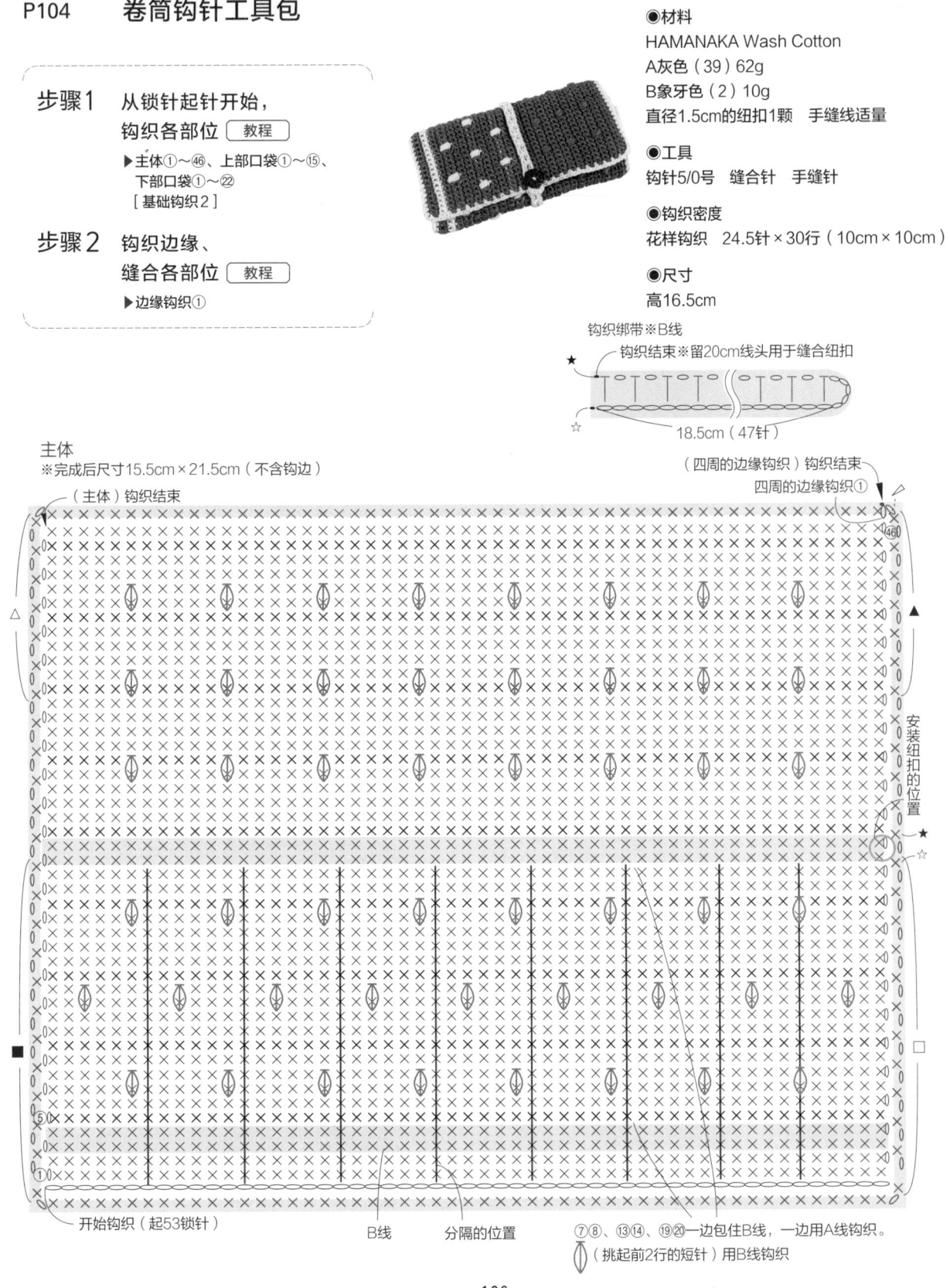

P104　卷筒钩针工具包

步骤1　从锁针起针开始，
钩织各部位　[教程]

▶主体①～㊻、上部口袋①～⑮、
下部口袋①～㉒
[基础钩织2]

步骤2　钩织边缘、
缝合各部位　[教程]

▶边缘钩织①

●材料
HAMANAKA Wash Cotton
A灰色（39）62g
B象牙色（2）10g
直径1.5cm的纽扣1颗　手缝线适量

●工具
钩针5/0号　缝合针　手缝针

●钩织密度
花样钩织　24.5针×30行（10cm×10cm）

●尺寸
高16.5cm

钩织绑带※B线
钩织结束※留20cm线头用于缝合纽扣

18.5cm（47针）

主体
※完成后尺寸15.5cm×21.5cm（不含钩边）

（主体）钩织结束

（四周的边缘钩织）钩织结束
四周的边缘钩织①

安装纽扣的位置

开始钩织（起53锁针）

B线　　分隔的位置

⑦⑧、⑬⑭、⑲⑳一边包住B线，一边用A线钩织。
（挑起前2行的短针）用B线钩织

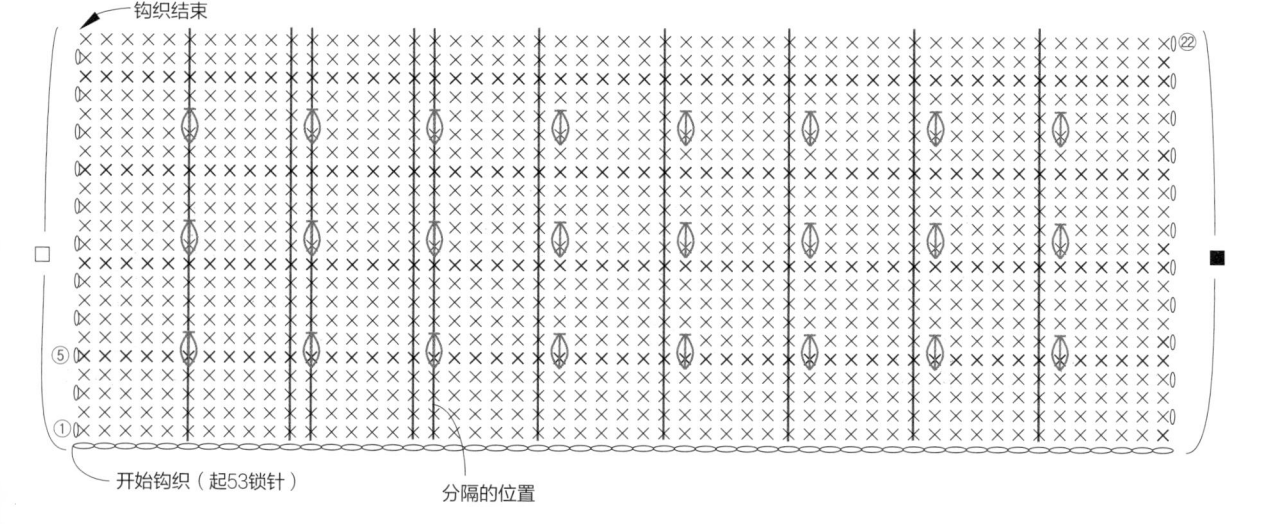

缝合方法

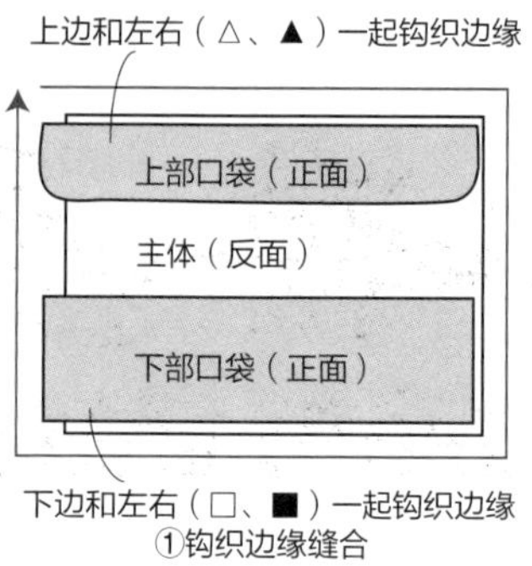

上边和左右（△、▲）一起钩织边缘

上部口袋（正面）

主体（反面）

下部口袋（正面）

下边和左右（□、■）一起钩织边缘
①钩织边缘缝合

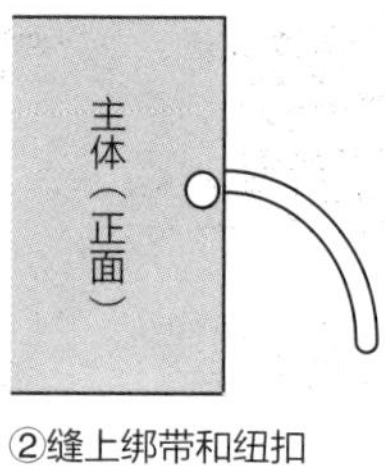

主体（正面）

②缝上绑带和纽扣

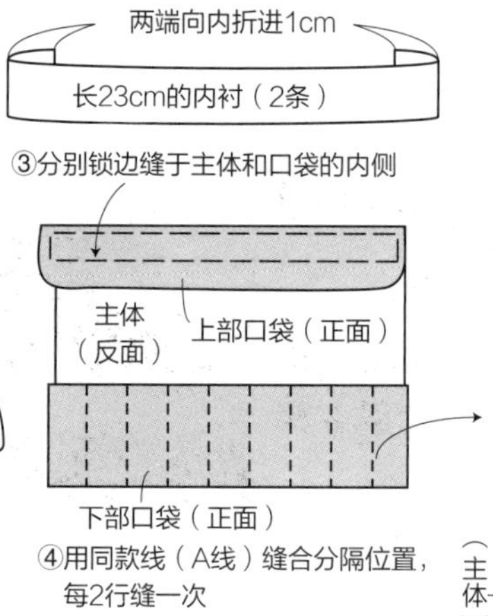

两端向内折进1cm

长23cm的内衬（2条）

③分别锁边缝于主体和口袋的内侧

主体（反面）　上部口袋（正面）

下部口袋（正面）

④用同款线（A线）缝合分隔位置，
每2行缝一次

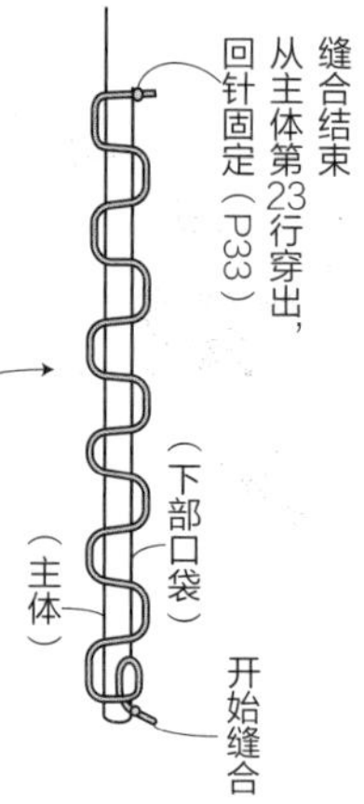

缝合结束
从主体第23行穿出
回针固定（P33）

（下部口袋）

（主体）

开始缝合

上部口袋 ※完成后尺寸5cm×21.5cm

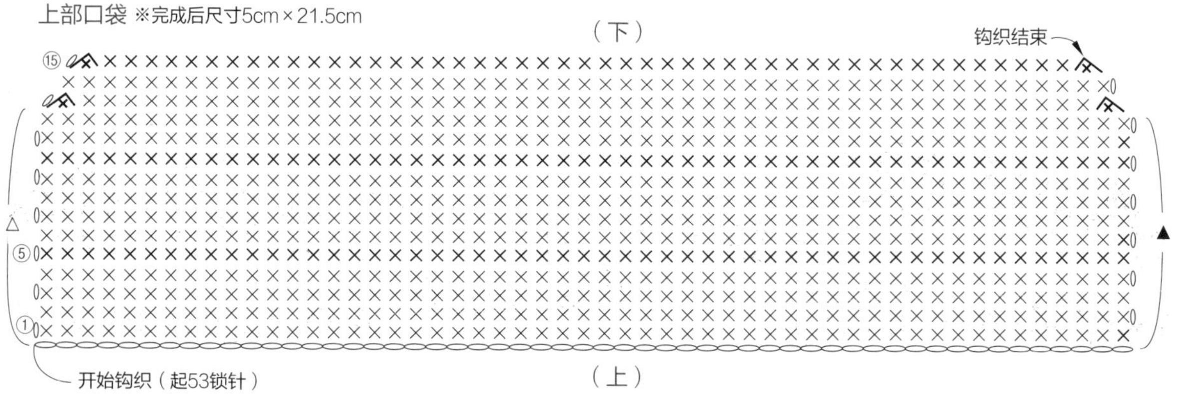

（下）

⑮

钩织结束

△　▲

⑤

①

开始钩织（起53锁针）

（上）

下部口袋 ※完成后尺寸7.5cm×21.5cm

钩织结束

⑫

□　■

⑤

①

开始钩织（起53锁针）

分隔的位置

1

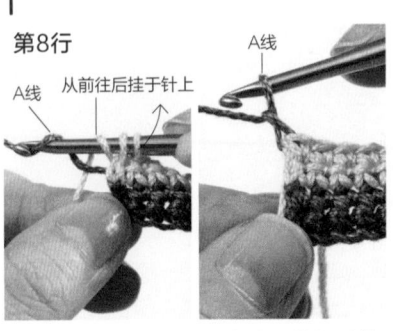

第8行

A线

A线 从前往后挂于针上 ↑

A线

遵循在织片左边换线的规律，钩织到第24行。在第4行最后的引拔步骤将A线引拔出，换线完成。B线暂时不钩。

2

B线放于前面

在花样钩织行和前一行，需包进暂时不钩的B线，用A线钩织。

注意 将配色线包入钩织，反面看不到渡线，成品整洁美观。

3

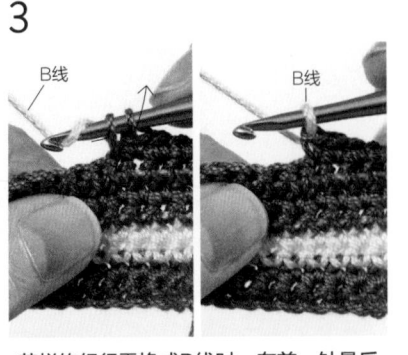

B线

B线

花样钩织行需换成B线时，在前一针最后的引拔步骤将B线钩出。

4

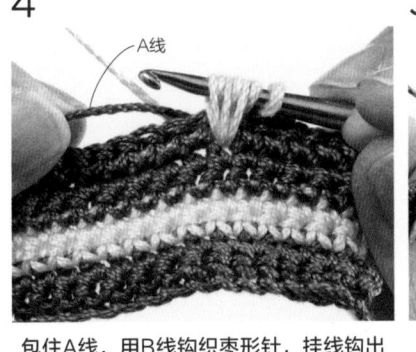

A线

包住A线，用B线钩织枣形针，挂线钩出3次。

5

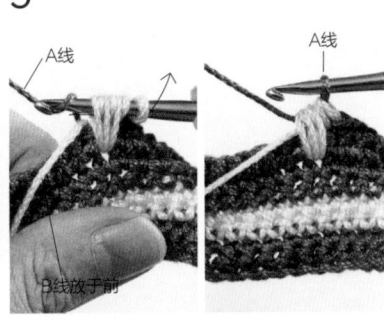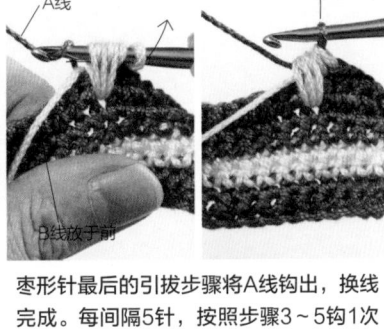

A线

A线

B线放于前

枣形针最后的引拔步骤将A线钩出，换线完成。每间隔5针，按照步骤3～5钩1次花样。

6

钩织到边缘，下一行B线暂时不钩，按照花样前一行和花样行的方法，再次包B线钩织。按照这样的方法钩织到24行。

1

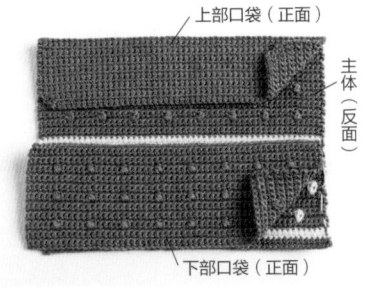

上部口袋（正面）

主体（反面）

下部口袋（正面）

将上部和下部的口袋重叠在主体反面。

2

看着主体的正面钩织边缘，将重叠部分的针脚一起挑起钩织。绑带也从主体正面开始钩织。

3

上部口袋（反面）

将上部口袋翻面，用锁边缝合的方法缝上内衬，注意不要在正面露出针脚。最后缝合分隔位置和纽扣，完成。

迷你束口荷包

有层次感的花样使小包触感松软。
可用于收纳钥匙、唇膏等小物件，
用途广泛。
直径6cm，高9.6cm
制作方法→P110

用余线钩织小物品

只要用余线就可以制作成的小包，
适合收纳硬币等小物，
让我们一起钩织吧。

小猫迷你口金包

小小的猫咪形象口金包，
最适合小朋友们使用了。
装上尾巴一样的包绳，十分可爱。
直径5.5cm　制作方法→P111

P109   迷你束口荷包

步骤1   从环形起针开始到筒状钩织
　　　　[教程]
　　　　▶①～㉔[基础钩织3]

步骤2   穿绳子   [教程]
　　　　▶钩织绳子和装饰①
　　　　绳子的钩织方法参照P88

◉材料
红色款/HAMANAKA KORPOKKUR（混色线）A红色系（108）12g
BKORPOKKUR　象牙色（1）7g
绿色款/HAMANAKA KORPOKKUR（混色线）A绿色系（107）12g
BKORPOKKUR　象牙色（1）7g

◉工具
钩针4/0号　缝合针　手缝针

◉钩织密度
花样钩织　5花样30针×15行（10cm×10cm）
边缘钩织　4花样（10cm）

◉尺寸　直径6cm，高9.6cm

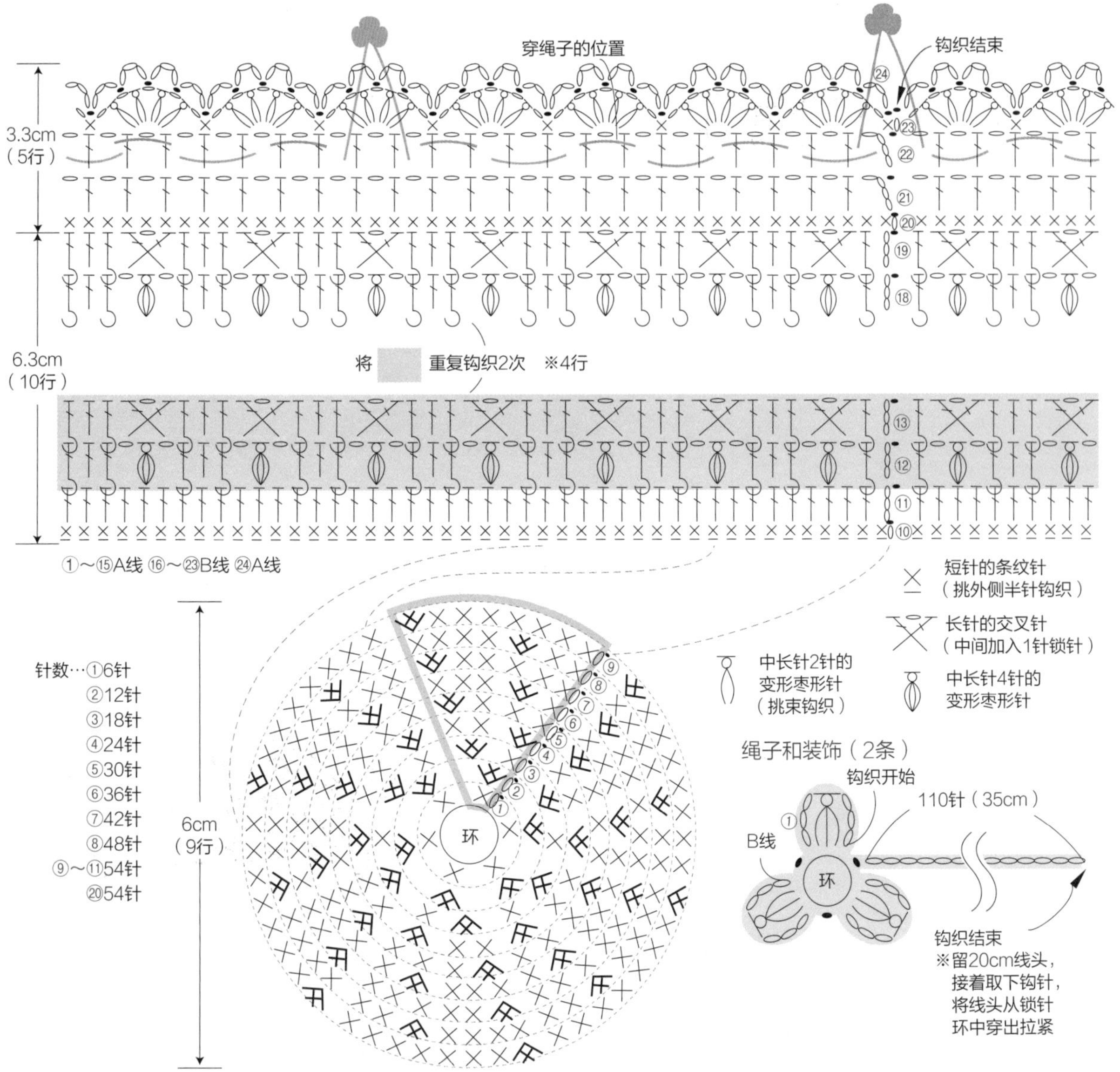

穿绳子的位置　　　　　　　　钩织结束

3.3cm（5行）

6.3cm（10行）

将 ▨ 重复钩织2次 ※4行

①～⑮A线 ⑯～㉓B线 ㉔A线

针数…①6针
　　　②12针
　　　③18针
　　　④24针
　　　⑤30针
　　　⑥36针
　　　⑦42针
　　　⑧48针
　　　⑨～⑪54针
　　　⑳54针

6cm（9行）

环

╳ 短针的条纹针
（挑外侧半针钩织）

╳ 长针的交叉针
（中间加入1针锁针）

中长针2针的变形枣形针（挑束钩织）

中长针4针的变形枣形针

绳子和装饰（2条）
钩织开始
110针（35cm）
B线
环
钩织结束
※留20cm线头，
接着取下钩针，
将线头从锁针环中穿出拉紧

P109 小猫迷你口金包

步骤1 从环形起针开始钩织
▶前片①～⑧、后片①～⑨ [教程]
[基础钩织1]

步骤2 前后片卷针缝合 [教程]
▶卷针缝合的方法参照P25

步骤3 装绳子 [教程]
▶绳子的钩织方法参照P88

●材料
HAMANAKA Piccolo
红色款/胭脂红（30）4g
象牙色（16）30cm
黄色款/芥黄色（27）4g
象牙色（16）30cm
通用/内径5cm的口金（HAMANAKA
H207-017-4）1个
直径0.5cm的珠子2颗
手缝线适量

●工具
钩针4/0号 缝合针 手缝针

●尺寸
直径5.5cm

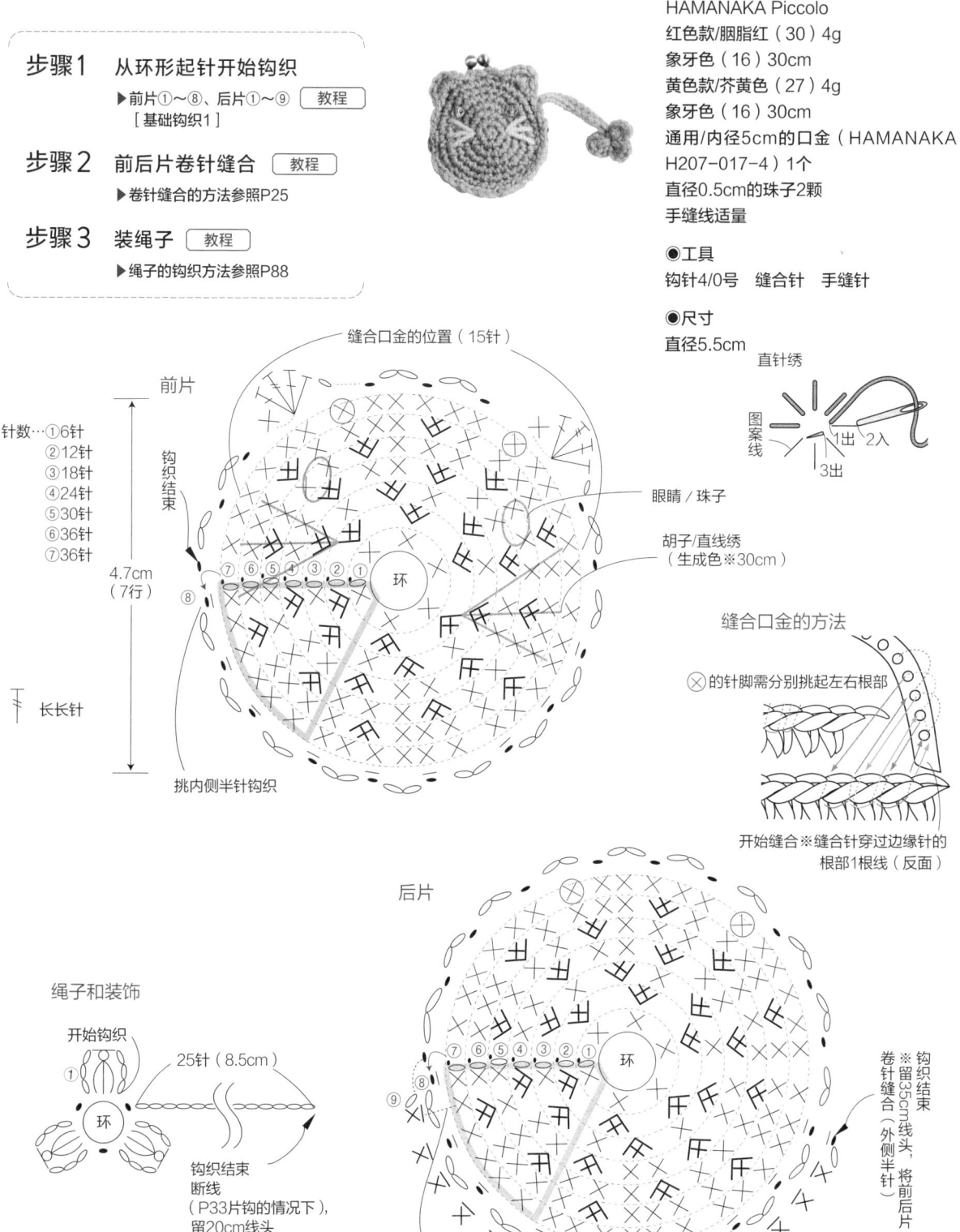

缝合口金的位置（15针）

前片

针数…①6针
②12针
③18针
④24针
⑤30针
⑥36针
⑦36针

4.7cm
（7行）

钩织结束

长长针

挑内侧半针钩织

直针绣

图案线

眼睛/珠子

胡子/直线绣
（生成色※30cm）

缝合口金的方法

⊗的针脚需分别挑起左右根部

开始缝合※缝合针穿过边缘针的
根部1根线（反面）

后片

钩织结束
※留35cm线头，将前后片
卷针缝合
（外侧半针）

绳子和装饰

开始钩织

①

环

25针（8.5cm）

钩织结束
断线
（P33片钩的情况下），
留20cm线头

挑⑦的外侧
半针钩织

挑内侧半针钩织

111

钩针符号图
与钩织方法

以下为本书作品钩织图中的钩针符号图和钩织方法。钩织时针的大小请参考钩织图中注明的钩织密度（以10cm×10cm织片中的针数为基准）。

○ 锁针 P113

✕ 短针 P114

┰ 中长针 P114

┲ 长针 P114

┳ 长长针 P114

● 引拔针 P114

✕ 短针的条纹针／梭针 P116

┰ 长针的条纹针／梭针 P116

锁针3针的狗牙拉针 P117

✕ 长针的交叉针 P117

✕ 长针的变形交叉针 P117
（为同样的方法 ）

短针1针分2针 P115
（为同样的方法 ４）

长针1针分2针 P115
（为同样的方法 ）

短针2针并1针 P115

长针2针并1针 P115

外钩短针 P116

内钩短针 P116

外（内）钩长针 P117

中长针3针的变形枣形针 P118
（为同样的方法 ）

中长针3针的枣形针 P118

长针3针的枣形针 P118

■钩针基础

持针和带线的方法

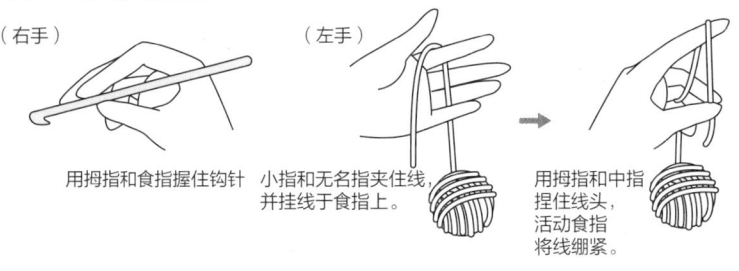

（右手）用拇指和食指握住钩针

（左手）小指和无名指夹住线
并挂线于食指上

用拇指和中指捏住线头，
活动食指将线绷紧。

锁针的名称

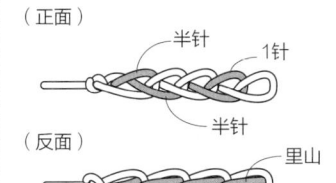

（正面）半针　1针　半针

（反面）里山

锁针起针法

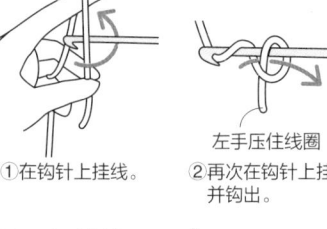 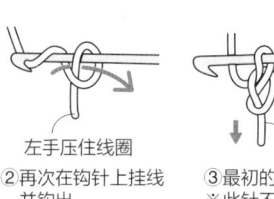 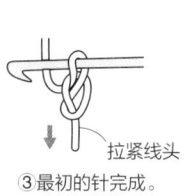 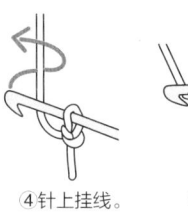 

①在钩针上挂线。

②再次在钩针上挂线并钩出。左手压住线圈

③最初的针完成。拉紧线头
※此针不算作1针。

④针上挂线。

⑤将线钩出，1针锁针完成。

钩织到所需针数
第1针

环形起针法

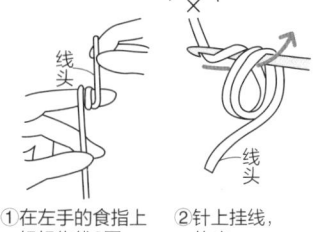

※除了本书中介绍的方法以外，还有这样的起针方法

①在左手的食指上轻轻绕线2圈。

②针上挂线，钩出。

③再一次挂线引拔出※此针不算作1针。

④钩1针锁针作为起立针。

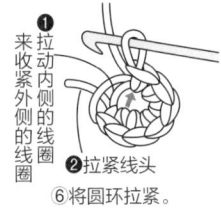

⑤在这2个线圈上钩织到所需要的针数。

❶拉动内侧的线圈来收紧外侧的线圈
❷拉紧线头
⑥将圆环拉紧。

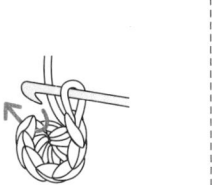

⑦将第1针顶部的2根线挑起钩引拔针，第1行完成。

锁针环形起针法

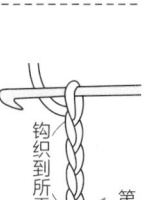

①锁针起针，挑起第1针的半针和里山，入针将线引拔钩出。

②锁针环形起针完成，针上挂线钩1针锁针作为起立针。

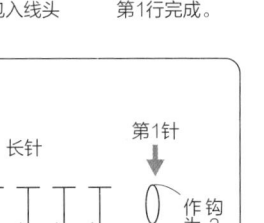

③在环中入针钩织到所需要的针数。
※钩织同时包入线头。

④将第1针顶部的2根线挑起钩引拔针，第1行完成。

每一行开始的时候，根据针的高度来钩织相应数量的锁针。
这种针称作起立针，根据种类不同，锁针的数量也会有所变化。

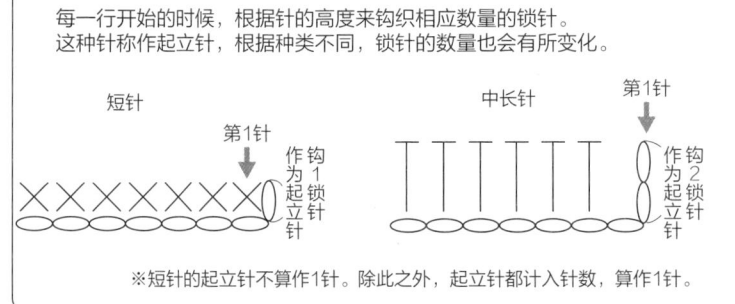 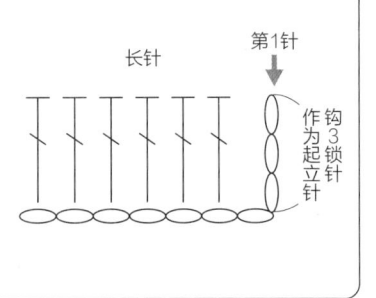

短针　第1针　作钩为1锁起立针

中长针　第1针　作钩为2锁起立针

长针　第1针　作钩为3起立锁针

※短针的起立针不算1针。除此之外，起立针都计入针数，算作1针。

■基础钩织方法

 短针

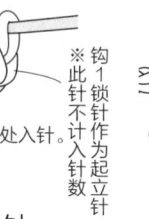

①在箭头所示处入针。

※钩1锁针作为起立针，此针不计入针数

②针上挂线，钩出。

③再一次针上挂线，引拔钩出。

重复步骤①～③。

中长针

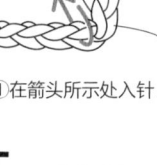

①针上挂线，在箭头所示处入针。

作为2锁针起立针

②针上挂线，钩出。

钩出的线圈大约为2锁针的高度

③再一次针上挂线，引拔穿过所有线圈。

重复步骤①～③。

长针

①针上挂线，在箭头所示处入针。

作为3锁针起立针

②针上挂线，钩出。

线圈大约为2锁针的高度

③再一次针上挂线，引拔穿过前2个线圈。

④再一次针上挂线，引拔钩出。

重复步骤①～④。

长长针

挂线2次

作为4锁针起立针

将挂在针上的2个线圈分3次钩出。

引拔针

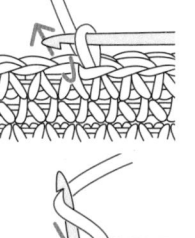

入针，挂线直接引拔出。

根据针呈现的状态来区分各种不同的"未完成针"
指最后一步引拔之前的状态

未完成的短针	未完成的中长针	未完成的长针

■加针

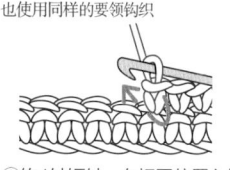 短针 1 针分 2 针

（短针1针分3针）和 （短针1针分4针）
也使用同样的要领钩织

注意"挑束钩织"时的入针位置

 根部相连时
（分割挑针）

 根部分离时
（束状挑针）

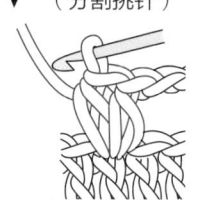

在前一行的1针里入针钩织。　将前一行的锁针整束挑起钩织。

①钩1针短针，在相同位置入针。　②在同一针内钩2个
短针后的样子。

 中长针 1 针分 2 针
加2针以上时也使用同样的要领钩织

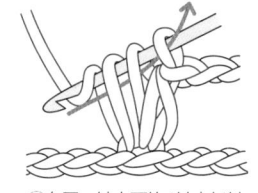

①钩1针中长针。　②在同一针内再钩1针中长针。

长针 1 针分 2 针　加2针以上时也使用同样的要领钩织 ---------

①钩1针长针，针上挂线，
在同一针内入针。　②挂线钩出，钩1针长针。

■减针

短针 2 针并 1 针
减2针以上时也使用同样的要领钩织

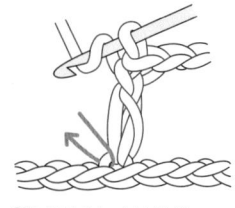

针上挂线钩出（未完成的短针），
在下针内也挂线钩出（未完成的短针），
针上挂线，一次性引拔穿过所有线圈。

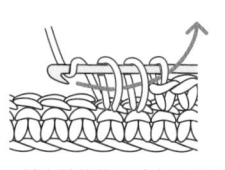

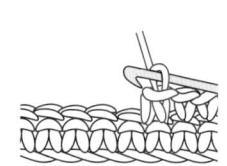

长针 2 针并 1 针　减2针以上时也使用同样的要领钩织

①针上挂线，入针后
钩出。　②针上挂线，钩"未完成的
长针"。　③针上挂线，和①一样
入针钩出线圈。

④钩"未完成的长针"，
2针保持一样的高度。　⑤针上挂线，一次性
引拔穿过所有线圈。

■其他钩织方法

✕ 短针的条纹针 / 梭针

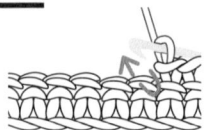

①挑起外侧半针。

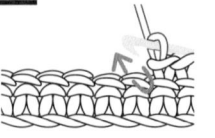

②针上挂线钩出。

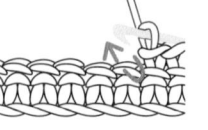

③再次针上挂线，引拔钩出。

片钩时挑外侧半针钩织的针法称作"梭针"

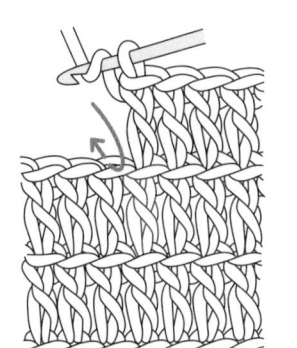

与"条纹针"相同，也是挑起半针钩织

Ŧ 长针的条纹针 / 梭针

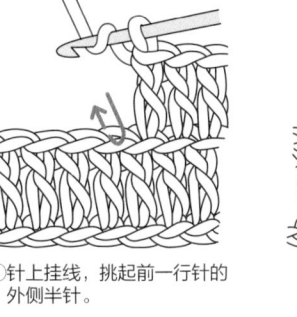

①针上挂线，挑起前一行针的外侧半针。

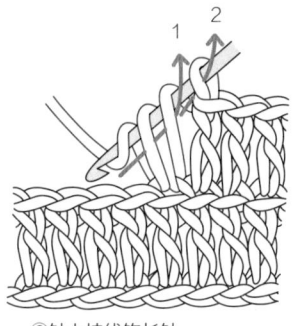

②针上挂线钩长针。

※每一行都挑起前一行针的半针钩织，正面留下的半针呈现条纹状。

⚥ 外钩短针

①按照箭头所示方向入针，挑起前一行针的根部。

②针上挂线。

③拉出的线圈需比钩短针时稍长一些。

④钩1针短针。

⑤前一行针顶部的两根线留在背面。

⚦ 内钩短针

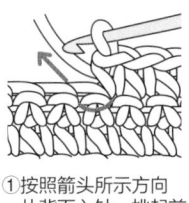

①按照箭头所示方向从背面入针，挑起前一行针的根部。

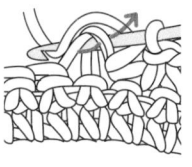

②针上挂线。

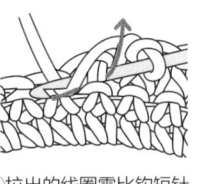

③拉出的线圈需比钩短针时稍长一些。

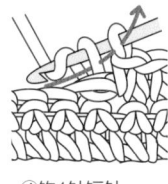

④钩1针短针。

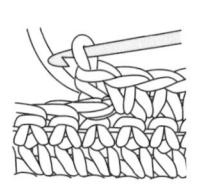

⑤前一行针顶部的两根线留在正面。

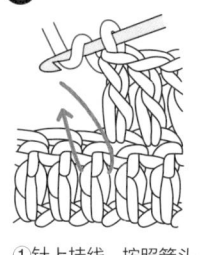 外钩长针

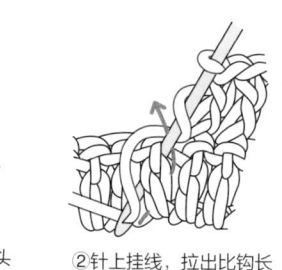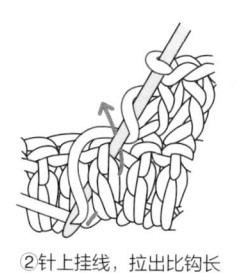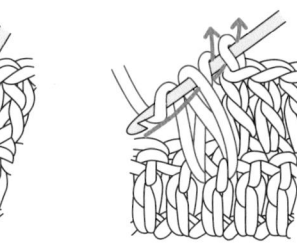

①针上挂线，按照箭头所示方向入针，挑起前一行针的根部。

②针上挂线，拉出比钩长针时稍长些的线圈，注意不要钩到其他线。

③按照长针的要领钩织。

 内钩长针

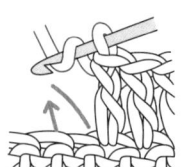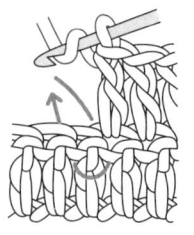

针上挂线，按照箭头所示方向从背面入针钩长针。

锁针3针的狗牙拉针

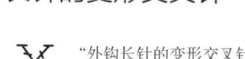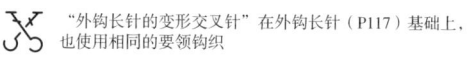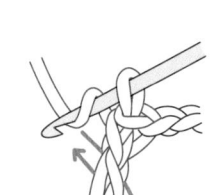

锁针3针

①钩3个锁针，在箭头所示位置入针，挑起短针顶部和根部的半针。

②针上挂线，一次性引拔穿过所有线圈。

③完成，继续钩下一针。

长针的交叉针

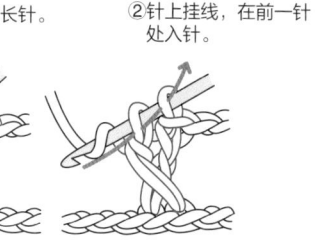

①在后一针位置钩长针。

②针上挂线，在前一针处入针。

③针上挂线钩出钩长针。

④按照这个规律，前后交叉钩织长针。

长针的变形交叉针

 "外钩长针的变形交叉针"在外钩长针（P117）基础上，也使用相同的要领钩织

①在后一针位置钩长针，下一针按照箭头所示，在长针后方入针。

②针上挂线钩长针。

③再次针上挂线，一次性引拔钩出（长针最后一步引拔步骤）。

④第1针交叉重叠在第2针上。

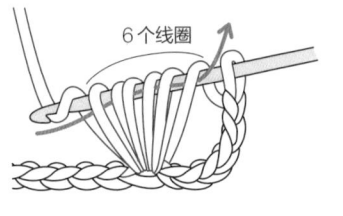 ## 中长针 3 针的变形枣形针

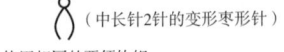 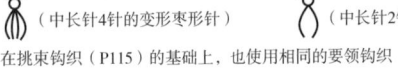

① 针上挂线，在前一行的同一针内入针，钩3针"未完成的中长针"，针上挂线，按照箭头所示方向一次性引拔穿过6个线圈。

② 再次针上挂线，引拔穿过针上剩余的2个线圈。

③ 中长针3针的变形枣形针完成。

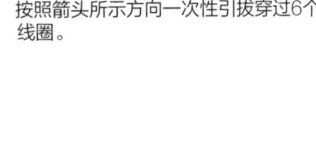 ## 中长针 3 针的枣形针

① 钩1针"未完成的中长针"（第1针）。

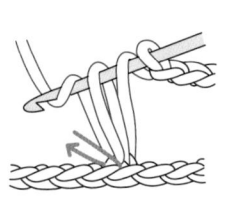

② 在同针内再钩1针"未完成的中长针"（第2针）。

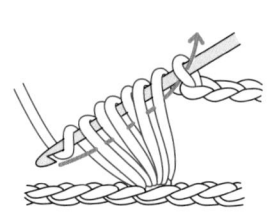

③ 按照相同的方法，钩第3针，注意第1、2针的线圈长度不要缩短。

④ 针上挂线，左手按住线圈底部，一次性引拔穿过所有线圈。

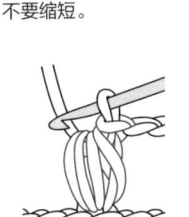

⑤ 枣形部分与顶部锁针线部分稍显分离。

 ## 长针 3 针的枣形针

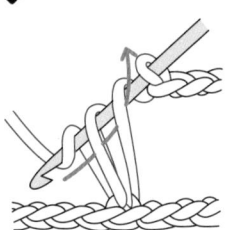

① 钩1针"未完成的长针"（第1针）。

② 在同一针目内再钩1针"未完成的长针"（第2针）。

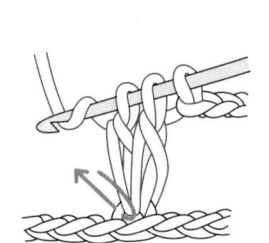

③ 按照相同的方法，钩第3针。

④ 针上挂线，一次性引拔穿过所有线圈。

◆ 卷针缝合（半针缝）

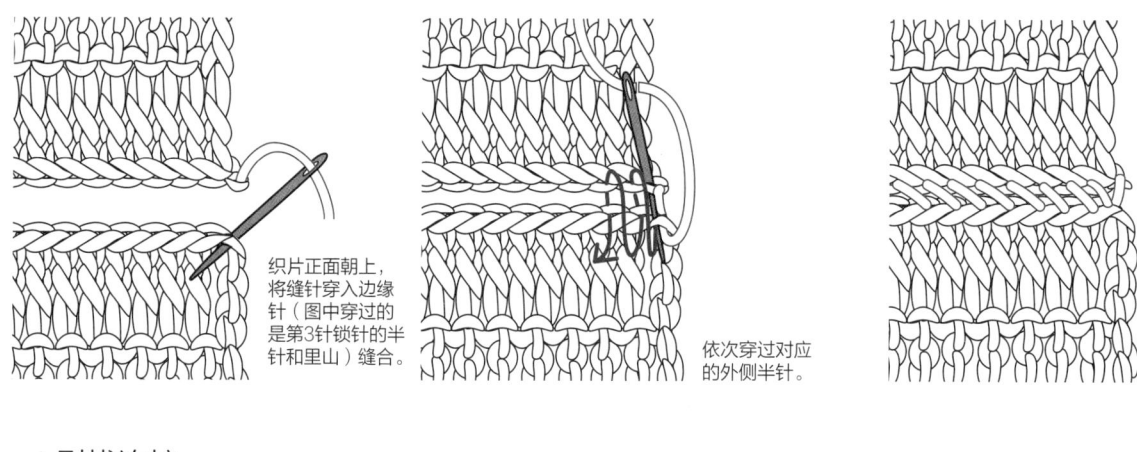

织片正面朝上，
将缝针穿入边缘
针（图中穿过的
是第3针锁针的半
针和里山）缝合。

依次穿过对应
的外侧半针。

◆ 引拔连接

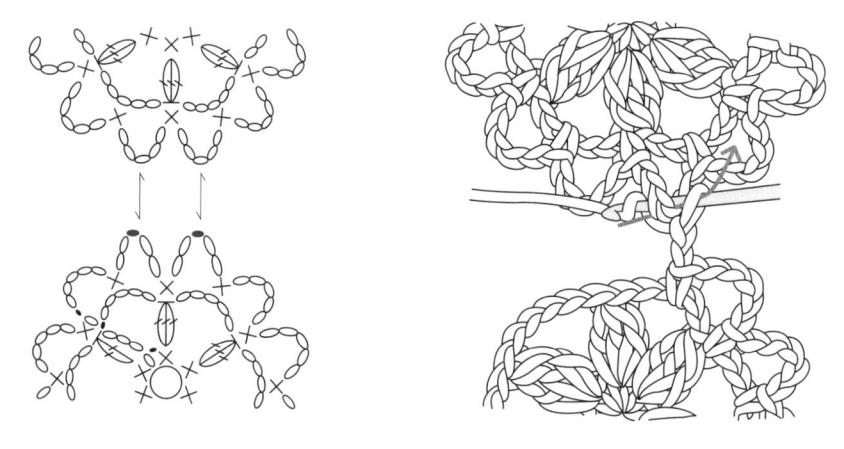

①将上方花片的锁针整束挑起钩引拔针，注意不要让线圈松动。

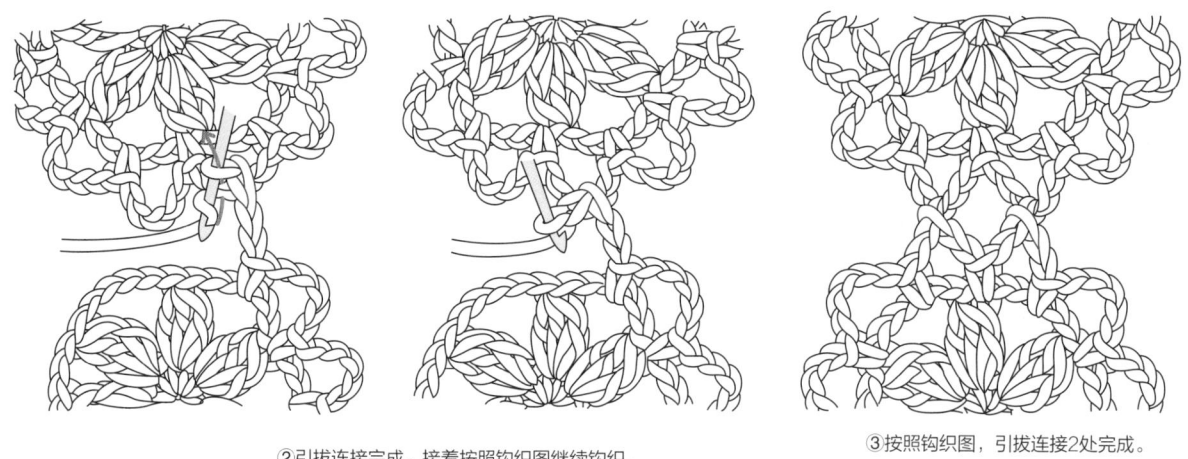

②引拔连接完成。接着按照钩织图继续钩织。

③按照钩织图，引拔连接2处完成。

原文书名：いちばんやさしい かぎ針編みのポーチ

原作者名：Sacjiyo*Fukao

ICHIBAN YASASHII KAGIBARI AMI NO POUCH

© Sacjiyo*Fukao 2017

Original published in Japan in 2017 by X-Knowledge Co., Ltd.

Chinese (in complex character only) translation rights arranged with

X-Knowledge Co., Ltd. TOKYO,

through g-Agency Co., Ltd. TOKYO.

本书中文简体版经X-Knowledge授权，由中国纺织出版社独家出版发行。

本书内容未经出版者书面许可，不得以任何方式或任何手段复制、转载或刊登。

著作权合同登记号：图字：01-2018-0279

图书在版编目（CIP）数据

超简单的小物件钩编教科书／（日）深尾幸世著；

叶宇丰译. -- 北京：中国纺织出版社，2019.1

ISBN 978-7-5180-5393-3

Ⅰ . ①超… Ⅱ . ①深… ②叶… Ⅲ . ①钩针-编织-

图集 Ⅳ . ①TS935.521-64

中国版本图书馆CIP数据核字（2018）第211443号

策划编辑：刘 茸　　　　特约编辑：刘 婧

装帧设计：培捷文化　　　责任印制：储志伟

中国纺织出版社出版发行

地址：北京市朝阳区百子湾东里A407号楼　邮政编码：100124

销售电话：010—67004422　传真：010—87155801

http://www.c-textilep.com

E-mail: faxing@c-textilep.com

中国纺织出版社天猫旗舰店

官方微博http://weibo.com/2119887771

北京华联印刷有限公司印刷 各地新华书店经销

2019年1月第1版第1次印刷

开本：710×1000　1/12　印张：10

字数：120千字　定价：58.00元

凡购本书，如有缺页、倒页、脱页，由本社图书营销中心调换